우리 개
응급 처치 119

유화욱

강원대학교 수의학과를 졸업하고 동대학 수의대학원을 수료하였다. 앤젤 동물의료센터(Angell Memorial Animal Hospital), 뉴욕 동물의료센터(AMC in NY)에서 연수하였다. 홍은동물병원 원장, 대치동 주주동물병원 부원장을 역임하였으며, 현재 동물보호시민단체 카라 동물병원 원장을 맡고 있다.

↳ 프롤로그 / 1. 예방 의학 / 2. 소화기 / 3. 호흡기 / 4. 안과 / 7. 피부 ④ / 10. 정형외과 ③_Tip / 13. 노령견 ① | ⑤ | ⑥ | ⑦ | ⑨ | ⑫ | ⑬ | ⑭

이혜원

독일 뮌헨 수의과대학을 졸업하고 동대학 수의대 동물복지연구소에서 동물 복지 및 동물 행동 분야로 박사 학위를 취득하였다. 유럽동물자연보호협회 소속의 동물보호소에서 임상수의사로 지냈으며, 동물보호시민단체 카라의 정책국장 및 행동 치료 수의사와 건국대학교 3R동물복지연구소의 부소장을 역임했다. 현재 잘키움 동물복지행동연구소 대표이며, 바우라움 동물병원 원장으로 진료를 담당하고 있다.

↳ 2. 소화기 대변 / 5. 생식기 / 7. 피부 / 8. 치과 / 9. 이비인후과 / 10. 정형외과 / 11. 응급 의학 / 12. 행동 의학

윤홍준

건국대학교 수의과대학을 졸업하고 Specialized Course of Surgical Technology를 수료하였다. 한국동물병원협회 이사, 한국임상수의학회 이사를 역임하였다. 현재 서울시수의사회 이사 겸 의료봉사대 대장, 한국동물병원협회 대외협력위원장을 맡고 있으며, 케이블 방송 〈펫 닥터스〉, 〈마이펫 상담소〉, 〈마이펫연구소〉, 〈펫과사전〉 등에 출연 중이다. 종로구에서 간호사 3명, 강아지 1마리, 고양이 6마리와 함께 월드펫 동물병원을 운영하고 있는 원장이다.

↳ Check List / 1. 예방 의학 비만_⑥ / 3. 호흡기 ⑩_Tip / 5. 생식기 ④_Tip / 6. 임신과 출산 / 7. 피부 ④_Tip / 8. 치과 ⑧_Tip / 9. 이비인후과 ⑤_Tip / 10. 정형외과 ⑦ / 11. 응급의학 ③_Tip / 13. 노령견 ② | ③ | ④ | ⑧ | ⑩ | ⑪ | ⑮

김현욱

서울대학교 수의학과를 졸업하고 동대학 수의대학원에서 수의내과학 석사, 박사를 받았다. 한국동물병원협회 학술위원장, WSAVA 2011 Congress 조직위원회 학술 부위원장을 역임하였으며, 현재 해마루 이차진료 동물병원 원장, 한국수의임상포럼 회장, 성남시수의사회 회장, 경기도수의사회 대외협력위원장을 맡고 있다.

↳ 감수 및 사진 제공

우리 개
응급 처치 119

리잼

일러두기
이 책에서 사용한 용어와 명칭 등은 〈표준국어대사전〉과 〈국립국어원〉의 외래어 표기 용례를 따랐습니다.

차례

3장 호흡기

4장 안과

5장
생식기

6장
임신과
출산

7장
피부

8장
치과

9장
이비인후과

10장
정형외과

11장
응급 의학

12장
행동 의학

13장
노령견

반려동물, 특히 강아지를 입양해서 새로운 가족으로 맞아들이는 것은 즐거움으로 가득 찬 행복한 기억을 가지게 되는 일입니다.

이전에는 애완견이라는 말을 주로 사용했습니다. 이 말에는 여러 가지 의미가 담겨 있지만, 일반적으로는 사람에게 사랑을 받는 존재라는 의미로 받아들여져 왔습니다. 하지만 요즘에는 애완견이라는 말 대신 반려견이라는 말을 사용하고 있습니다. 왜일까요? 반려견은 일방적으로 사람에게 사랑만을 받는 대상이 아니라 사람에게 조건 없는 사랑과 무한 신뢰를 주면서 함께하는 동물이기 때문입니다.

이 책이 반려견을 새로 입양하거나 키울 때 생기는 여러 문제에 대해 친절히 안내하는 역할을 했으면 좋겠습니다. 이런 안내가 진료를 대신할 수는 없지만, 여러분의 궁금증을 해결하는 데 도움이 되었으면 합니다.

개는 이렇게 사람과 함께하기 시작했습니다

갯과의 동물은 아주 먼 과거부터 사람과 함께 진화해 왔습니다. 개가 언제부터 사람과 함께 살았는지 정확히 알 수는 없습니다. 그래서 개와 사람이 함께한 정확한 시작은 시간의 저편에 있는 듯도 합니다.

문헌에 의하면 개의 가축화 시기는 약 1만 2,000년에서 3만 2,000년 이전부터라고 합니다. 또 다른 문헌에는 10만 년 이전부터라고 나와 있기도 합니다. 고대 이집트에는 그레이하운드나 마스티프 종이 있었고, 로마 시대에는 현존하는 많은 품종이 이미 있었습니다.

개는 이러한 시대보다 훨씬 이전인 석기 시대부터 사람과 함께 사냥하고, 사람이 사는 곳을 지키면서 지냈습니다. 사냥할 때는 뛰어난 후각을 사용해서 사냥감을 발견하거나, 사람과 같이 사냥감을 몰기도 했습니다. 또한 낯선 침입자가 오면 사람을 보호하고, 사람이 사는 곳을 지키는 경비견 역할을 했습니다. 석기 시대에는 음식이 더욱 귀했습니다. 이렇듯 귀한 음식을 개에게 주면서 같이 지낸 이유는 개가 충분한 역할을 했기 때문입니다. 이러한 개들은 품종의 특

13

성이나 일의 수행 능력에 따라 사냥견, 목양견 등 특정한 일을 분담하는 품종으로 발달했습니다.

하지만 이제는 마약 탐지견, 구조견, 시각 장애인 안내견 등만 특정한 임무를 수행하고, 대부분 개는 사람과 함께 생활하는 반려견이 되었습니다.

개에게는 사람과의 뛰어난 교감 능력이 유전적으로 프로그램 되어 있습니다. 그래서 개는 사람의 명령을 인식하고 수행하는 능력뿐만 아니라, 사람의 감정을 읽어 내고, 이해하며, 공감하는 능력이 뛰어납니다.

반려견을 입양하기 전에 미리 알아 두었으면 하는 사항입니다

개는 무리 생활을 하는 동물입니다. 같은 무리 즉, 가족 안에서의 교감과 교류는 개의 삶의 질과 행복감을 느끼는 정도에 큰 영향을 끼칩니다. 개들이 교류하는 대상은 꼭 같은 갯과의 동물이어야만 되는 것은 아닙니다. 갯과의 동물이 다른 동물과 무리 형성을 한 사례는 많이 기록되어 있습니다. 같은 무리의 일원은 개들이 '가족'으로 받아들이는 대상이면 됩니다.

따라서 반려견을 입양하는 것은 행복과 불행, 기쁨과 슬픔, 그리고 치유와 고통이 있는 긴 여정을 함께 하는 것과 같습니다. 사람이 반려견을 선택하는 것이 일반적이기는 하지만, 때때로 개가 사람을 선택하기도 합니다. 마치 운명처럼 특정 사람과의 친밀한 관계를 개가 정해 버리는 일도 있습니다.

견주는 반려견과 긴 여정을 함께하기 위해서 여러 가지 준비를 해야 합니다. 즉흥적으로 반려견을 입양하는 것은 견주나 반려견 모두에게 많은 스트레스를 줄 수 있습니다. 그래서 견주가 감정적으로나 시간적·경제적으로 준비가 되지 않은 상태에서 반려견을 입양하면 반려견과 견주가 금방 헤어지는 상황이 오기도 합니다.

일반적으로 반려견의 수명은 약 15년 정도입니다. 대형견은 상대적으로 수명이 짧기도 하지만, 소형견은 20년까지 살기도 합니다. 최근에는 20년 넘게 사는 경우도 종종 있습니다. 반려견을 입양하는 것은 이렇게 긴 시간 동안 한 생명을 책임지는 일입니다.

그러므로 반려견을 키우기 전에는 가족과 충분히 의논해야 합니다. 반려견을 키우는 것은 가족 모두의 선택이어야 합니다.

반려견은 놀고, 잠자고, 움직일 적정 공간이 필요합니다. 소형견은 행동반경이 작아서 상대적으로 필요한 공간이 작지만, 중형견 이상의 반려견은 필요한 공간이 생각

〈반려견 양육 시 예상 지출 비용〉

품목	매월 또는 매년 지출 비용	15년간 지출 비용
사료	2만 2,000원/월	400만 원
간식	2만 원/월	360만 원
용품(샴푸, 빗, 집 등)	1만 원/월	180만 원
예방 접종, 구충 (심장 사상충, 외부 기생충)	20만 원/년	300만 원
병원비	40만 원/년	600만 원(변화가 심함)
미용비	12만 원/년(3개월에 1회 미용)	180만 원

보다 큽니다. 따라서 잠자는 공간을 제외하고 평소 반려견의 행동반경을 고려해야 합니다.

견주가 반려견과 함께하는 시간적인 여건도 꼭 생각해 보아야 합니다. 반려견을 돌보려면 생각보다 많은 시간이 필요합니다. 사료나 물을 챙겨 주는 일 이외에도 목욕, 양치질, 귀청소를 해 주는 기본적인 일에도 시간과 정성이 들어갑니다. 반려견과 놀아 주는 것도 중요합니다. 같이 산책하고 놀면서 반려견이 에너지를 충분히 쓸 수 있도록 해 주어야 합니다. 그래야만 반려견이 너무 지루해서 집 안에서 사고를 치는 일을 방지하고, 반려견이 즐겁고 행복하게 지낼 수 있습니다.

또한 사료비나 병원비 등 경제적인 부분도 고려해야 합니다. 반려견을 키우면서 예기치 않은 사고가 일어날 수도 있고, 반려견이 심각한 질병에 걸릴 수도 있습니다. 물론 평생을 별다른 사고나 병 없이 지낼 수도 있습니다. 하지만 사람의 경우 60살 이후에 지출하는 병원비가 평생 동안 지출했던 병원비보다 많다는 통계가 있듯이 반려견도 나이가 들면 병원비 지출이 늘어날 수 있습니다.

반려견과 행복하게 지내기 위해 미리 알아두었으면 하는 사항입니다

견주와 반려견이 행복한 관계를 만들기 위해서는 우선 견주가 행복해야 합니다.

그러러면 반려견을 선택할 때 견주의 성향이나 생활패턴 방식을 고려해야 합니다. 또한 견주는 반려견 품종의 특정 성향을 잘 이해해야 합니다. 사냥에 적합한 품종들은 체력이 강하거나, 집요하거나, 물을 좋아해서 물에 잘 뛰어드는 등의 성향이 있습니다. 보더 콜리와 같은 품종은 활력이 넘치고 매우 똑똑합니다. 그래서 온종일 집에 혼자두면 아마도 너무 지루해서 놀이 방법을 찾다가 집 안을 난장판으로 만들어 놓을 수도 있습니다. 이러한 품종을 키운다면 에너지를 발산하고 해소할 수 있게 해 주어야 합니다. 따라서 반려견의 품종을 선택할 때는 원하는 품종에 대한 기본적인 이해가 꼭 필요합니다.

반려견에게 필요한 훈련도 해야 합니다. 훈련할 때 명령을 잘 따르면 보상해 주어야 합니다. 반려견에게는 칭찬이 제일 좋은 보상입니다. 하지만 처음에는 약간의 간식이 훈련의 속도와 집중도를 높이는 데 도움이 됩니다. 그렇게 해서 어느 정도 훈련이 진행되면 칭찬만으로도 훌륭한 보상이 됩니다.

규칙을 정해 주고 견주의 명령에 따르도록 하면 적절한 통제도 가능합니다. 이렇게 되면 반려견도 훨씬 안정감을 느끼면서 생활할 수 있습니다. 이것은 어린아이에게 적절한 규칙을 알려 주는 것과 같습니다. 식당에서는 조용히 해야 한다는 것을 아이들에게 가르쳐 주면, 아이들은 식당에서 뛰어다니는 것에 주의할 것입니다. 견주는 규칙 안에서 반려견이 의젓해질 수 있도록 훈련해야 합니다.

마지막으로 이 책에서 다룬 내용 중에 더 알고 싶은 점이나 다른 수의학 분야에 관한 내용은 꼭 수의사와 상담하시기를 바랍니다.

여러분 모두 반려견을 '영혼의 친구'로 만나서 어떤 것과도 바꿀 수 없는 행복한 여정을 반려견과 함께하시기를 바랍니다.

반려견과 가족이 되기 전 꼭 알아야 할 것들

어디서 데려올 계획인가요?

반려견을 데려오기로 했다면 그다음에는 어떤 것을 고려해야 할까요?

반려견을 데려오는 방법은 크게 입양과 구입으로 나눌 수 있습니다. 보호소나 동물 보호 단체를 통해 입양하거나, 애견숍과 동물 병원 등에서 비용을 내고 데려오는 방법이 있습니다.

● 동물 보호 단체를 통한 입양

요즘은 동물 보호소나 동물 보호 단체를 통해 반려견을 입양하는 사례가 점점 늘고 있습니다. 이러한 방법으로 유기견을 입양하면 한 생명을 살릴 수 있을 뿐만 아니라 지역 커뮤니티를 통해 좋은 인연을 맺을 수 있습니다. 또 입양하는 데 비용이 거의 들지 않고, 전문가들이 건강 상태를 확인 후 입양하므로 건강 이상을 우려할 필요가 없습니다. 건강상의 문제가 생기더라도 대부분 일정 기간 동안 치료를 도와주는 시스템이 갖추어져 있습니다.

하지만 이 방법에도 고려할 점이 있습니다. 대부분 유기견은 성견 상태로 발견됩니다. 따라서 선호하는 품종과 성격, 나이를 맞추어 입양하기가 힘듭니다. 또한 유기견은 파양이나 보호소 시설에서의 여러 과정을 겪어 혼란스러운 상태이므로 입양 후 적응하는 데 많은 시간이 필요합니다.

▲ 상처를 입은 채로 구조된 유기견

▲ 동물 보호 시민 단체 〈카라〉의 유기견 카페인 〈아름품〉에서 견주를 기다리는 유기견들

• 애견숍, 동물 병원에서 분양받기

일반적으로 선호하는 방법입니다. 자신이 원하는 품종을 즉시 살 수 있고, 어린 강아지를 입양할 수 있습니다. 유의할 점은 대부분 너무 어릴 때 분양되어서 건강 상태를 분명하게 확인하기 어렵고, 모견을 모르므로 어떻

▲ 애견숍 강아지

게 성장할지도 확인할 수 없다는 것입니다. 또한 집단 사육으로 말미암아 전염병이 생기기 쉬우므로 처음 한동안은 매우 주의 깊게 살펴야 합니다.

② 어떤 종류를 키울 건가요?

반려견을 데려오는 방법을 정했다면 어떤 품종을 키울지 생각해야 합니다. 이때는 환경적인 요소를 고려해야 하므로 원하는 모든 품종을 키울 수는 없습니다.

예를 들면, 요즘 인기 있는 셰틀랜드 쉽독을 원룸에서 혼자 사는 사람이 키울 수 있을까요? 아니면 외로운 할머니를 위해 레트리버를 선물한다면 어떨까요? 전자의 경우에는 견주가 퇴근해서 돌아오면 집 안이 반려견의 털과 찢어진 벽지로 엉망이

▲ 운동량이 많은 레트리버

되어 있을 것입니다. 후자의 경우에는 성장한 레트리버의 엄청난 힘 때문에 할머니가 다치실 지도 모릅니다.

각각의 품종은 성장에 따른 크기와 생활에 필요한 활동성이 다릅니다. 따라서 품종에 대한 충분한 이해와 학습을 통해서 반려견을 신중하게 결정해야 합니다.

우리나라에서 일반적으로 많이 키우는 품종은 몰티즈, 시추, 푸들 같은 소형 품종입니다. 이들 품종은 성격이 온화하고, 견주와의 교감 능력이 뛰어나며, 자태가 아름다워 소형 아파트 환경에도 적합합니다. 또한 아이들의 좋은 친구가 될 수 있어 많이 선호하는 편입니다.

우리나라에서 많이 키우는 반려견 품종

- 1위: 몰티즈(25.6%)
- 2위: 푸들(11.5%)
- 3위: 시추(10.3%)
- 4위: 요크셔테리어(8.4%)
- 5위: 믹스견(6.7%)
- 6위: 포메라니안(6.1%)
- 7위: 치와와(2.4%)
- 8위: 코커스패니얼(2.2%)
- 9위: 슈나우저(2.0%)
- 10위: 진돗개(2.0%)

(2015년 기준, 한국 동물 병원 내원 고객 대상)

반려견의 종류

- 몰티즈(Maltese)

지중해 몰타 섬에서 전해졌다는 아주 오래된 품종입니다. 국내 반려견 중 25%를 차지하는 부동의 1위 견종입니다. 이렇듯 많은 견주가 몰티즈를 키우는 이유는 자태가 아름답고, 비교적 키우기가 쉬우며, 사람과 교감을 잘하기 때문입니다. 애교가 많아 항상 견주만을 따라다니고, 견주의 얘기에 귀를 기울일 줄 아는 품종입니다. 어린아이가 데리고 다니기에 부담 없을 정도로 덩치가 작고, 머리가 좋아 잔손이 비교적 덜 가는 품종입니다.

- 푸들(Poodle)

원래는 레트리버만 한 대형견이었습니다. 그런데 개량을 거쳐 스탠더드→미디엄→미니어처→토이 순으로 크기가 점점 작아졌습니다. 우리가 일반적으로 말하는 푸들은 대부분 토이 푸들입니다. 푸들은 공격성이 낮고 영리해서 훈련이 쉽습니다. 또한 털이 안 빠져 초보자가 키우기에 수월합니다. 하지만 많은 운동량이 필요하므로 매일 산책을 해야 합니다. 푸들은 기본적으로 사람을 좋아하지만 어느 정도 경계심도 있는 품종입니다.

- **시추**(Shih Tzu)

항상 느긋하고 밝은 성격에 꼬리를 격하게 치며 견주를 반기는 품종입니다. 어린 자녀가 있는 집에서 많이 선호합니다. 머리가 좋고 감정이 풍부하며 애교도 많아 아이들과 잘 어울립니다. 털은 길이에 비해 많이 빠지지 않고, 체취도 많이 나지 않아서 가정견으로 이상적입니다.

- **요크셔테리어**(Yorkshire Terrier)

몰티즈와 몇몇 테리어를 교잡해서 만든 품종으로 영국 요크셔 지방이 원산지입니다. '움직이는 보석'이라는 별명이 있을 정도로 자태가 아름답고 사랑스럽습니다. 하지만 요크셔테리어는 쥐와 같

은 작은 동물을 잡기 위한 사냥개로 개량된 품종입니다. 그래서 생각보다 활동량이 많고, 의외로 까칠한 성격을 보이기도 합니다. 장모종 중에서는 털이

비교적 안 빠지는 편입니다. 견주에 대한 집착이나 애착이 강해 소형견 중에서는 충성심이 높습니다.

- **포메라니안**(Pomeranian)

북극에서 썰매를 끌던 개들의 후손입니다. 여우와 비슷한 얼굴에 작은 눈망울이 매력적인 품종입니다. 무엇보다 공처럼 둥글고 풍성하게 부풀어 오른 털이 특징입니다. 털이 많이 빠져서 항상 빗질에 신경을 써야 합니다. 욕심과 애교가 많아서 늘 견주의 관심을 받으려고 합니다. 또한 발랄하고 똑똑하며 흥분을 잘하므로 어릴 적부터 적절한 훈련을 해야 합니다.

- **치와와**(Chihuahua)

평균 체중이 2.7kg으로 가장 작은 품종입니다. 털이 매끈매끈한 단모종 외에 장모종도 있습니다. 요즘에는 과거에 보기 힘들었던 장모종이 인기를 끌고 있습

니다. 귀는 크

고 쫑긋하며, 눈은 얼굴에 비해 약간 큰 편입니다. 털 빛깔은 붉은색, 검은색, 담황색, 얼룩무늬 등 여러 가지가 있습니다. 견주에 대한 충성심이 높고 애교가 있지만, 질투심이 많고 사나울 때도 있습니다. 크기와는 달리 고집이 세고 겁이 없는 편이어서 다른 개와 시비가 붙으면 상대의 덩치와 상관없이 끝까지 짖습니다.

• **코커스패니얼**(Cocker Spaniel)

영국산 사냥개로 주로 도요새(woodcock)를 잡아서 '코커'라는 이름을 얻었습니다. 몸은 아담하고, 귀는 늘어져 있으며, 꼬리는 짧습니다. 털은 부드럽고 아름답지만 길어서 관리에 신경을 써야 합니다. 목욕한 후에는 세심하게 말려 주어서 피부염에 걸리지 않게 해야 합니다. 성격이 낙천적이고 순종적이어서 어린이와도 잘 어울립니다.

• **슈나우저**(Schnauzer)

털은 곱슬거리고 입가에 덥수룩하게 난 털이 마치 수염처럼 보여서 독일어로 '슈나우저'라는 이름이 붙었습니다.

털이 잘 빠지는 편은 아니지만 뭉치지 않도록 항상 빗질해 주어야 합니다. 낙천적인 성격에 활동성이 강하고 매우 영리해 사람들과 잘 지냅니다. 경비견으로서 집도 잘 지켜 줍니다

• **보스턴테리어**(Boston Terrier)

아메리칸 코커스패니얼과 함께 미국에서 개량된 대표적인 종입니다. 잉글리시 불도그가 보스턴으로 건너간 후 불테리어 등과의 교배를 통해 개발되었습니다. 이후의 개량 과정에서 프렌치 불도그 혈통도 일부 추가되었습니다. 미국인들은 이 개의 무늬가 턱시도를 입은 단정한 젠틀맨 같아서 '아메리칸 젠틀맨'이라고 부릅니다. 보스턴테리어는 활달한 성격에 표정이 사랑스러우며 견주에 대한 충성심이 강합니다. 하지만 의

외로 온순해서 실내에서는 매우 차분
하고 인내심 강한 모습을 보여 주기도
합니다.

• 보더 콜리(Border Collie)

원산지는 영
국으로 브리
튼 섬의 품종
인 콜리의 일
종입니다. 잉
글랜드와 스코틀랜드의 국경 지방에
서 양치기견으로 사용되어서 보더 콜
리라는 이름이 붙었습니다. 가장 머리
가 좋은 개여서 학습 능력이 뛰어납니
다. 또한 매우 민첩하고 다정해서 사
람과의 친화력이 높습니다. 하지만 낯
선 사람을 보면 경계하며 잘 짖으므로
훈련이 필요합니다. 어릴 때는 활발하
지만 성견이 되면 침착해집니다. 많은
운동량이 필요해서 노인들이 키우기
에는 적합하지 않고, 질투심도 많아 다
른 개가 견주와 함께 있는 것을 싫어합
니다. 넓은 마당이 있는 주택에서 키
워야 하고, 운동과 훈련을 좋아하는 사
람에게 적합합니다.

• 잭 러셀 테리어(Jack Russel Terrier)

우리나라에서
는 기르는 사람
이 거의 없어서
아직 잘 알려지
지 않은 품종입니다. 서양에서는 최강
의 악마견(Demon Dog) 중에 한 종으로
꼽힙니다. 덩치가 크지 않지만 대형견
에 맞먹는 체력과 점프력을 지녔습니
다. 또한 테리어 종 특유의 높은 지능,
민첩함, 독립성, 장난기, 집요함, 무모
함을 고루 갖추고 있습니다. 눈치가 빠
르고 무척 영리한 견종이지만, 잠시도
가만히 있지 못하고 모르는 개를 공격
적으로 대해서 생각보다 키우기가 쉽
지 않습니다.

• 퍼그(Pug)

원산지는 중국으로
송(宋) 때부터 인기
가 많았습니다. 당
시에는 왕실에서만
퍼그를 키울 수 있었습니다. 16세기에
네덜란드 동인도 회사 상인들이 퍼그
의 매력에 빠져 유럽으로 데려가면서
큰 인기를 끌게 됩니다. 유럽의 유명한

초상화에 자주 그려질 정도로 많은 사랑을 받았습니다. 그래서 루브르 박물관에 가면 퍼그를 안고 있는 초상화가 많습니다.

몸에 비해 머리가 큰 퍼그는 들창코에다가 주름이 많습니다. 운동량이 적고, 털은 짧고 부드러워 상대적으로 털 관리에 손이 덜 갑니다. 성격은 느긋하고 애정이 깊고 인내심도 강합니다. 반면 더위에 약하고 식탐이 많아 쉽게 살이 찝니다.

• 스코티시 테리어(Scottish Terrier)
원래는 사냥개로 브리딩한 품종으로 다리가 짧지만 매우 활동적이며 완고한 성격의 견종입니다. 덩치가 매우 작아서 귀여워 보이지만,

자존심과 독립심이 매우 강합니다. 덩치에 걸맞지 않게 자기보다 큰 체구의 개에게 온 힘을 다해 덤벼드는 무모함과 용맹함을 가지고 있어 공원에서 풀어 놓는 것은 자제해야 합니다. 경계심이 많고 눈치가 빠르며 겁이 없어 집을 잘 지킵니다. 진돗개의 성격과 비슷해

서 평생 견주는 한 명이라는 신조를 가지고 있습니다. 따라서 성견의 스코티시 테리어를 입양하면 같이 지내는 것이 약간 힘들 수도 있습니다.

• 이탈리안 그레이하운드(Italian Greyhound)
아주 오래된 견종으로 우아하고 세련된 외모를 지녔습니다. 기원전 수천 년 전 이집트에

서 키웠던 흔적이 있고, 이탈리아의 폼페이 유적에서도 개 줄을 한 이탈리안 그레이하운드의 화석이 발굴되기도 했습니다. 날렵하고 잘 달리며, 피부는 벨벳같이 부드럽고 광이 납니다. 성격이 완고해서 젊은이보다는 노인이 키우는 것이 좋습니다. 다른 사람이나 개에게 붙임성이 있고 깔끔한 성격이라 주변을 어지럽히지 않습니다. 하지만 외부 충격에 예민하고 잘 놀라며, 골절 같은 사고에 취약한 견종입니다. 그래도 달리는 것을 워낙 좋아하므로 적절한 운동량이 필요합니다.

③
분양 전 건강 상태는
어떻게 확인하나요?

- 항문 주변이 깨끗해야 합니다. 항문 주변에 얼룩이 있다면 설사한 흔적일 수 있습니다.
- 눈 주변이 깨끗해야 합니다. 열을 동반한 질환이 있거나 눈병 혹은 귓병 등이 있으면 눈곱이 심하게 껴 눈 주변이 지저분합니다.
- 귀는 냄새가 나지 않고 깨끗해야 합니다.
- 코 주변이 깨끗해야 합니다. 호흡기 질환을 앓을 때는 코 주변에 얼룩이 보일 수도 있습니다.
- 활동성을 확인해 봅니다. 항상 활발하고 구석에 숨지 않으며, 맹렬히 꼬리를

▲ 움직임이 활발한 건강 상태가 좋은 강아지

흔들면서 움직이면 건강한 개입니다.
- 손으로 들었을 때 보기보다 묵직한 느낌이 들어야 하며, 털의 빛깔이 곱고 윤기가 흘러야 합니다.
- 구입 직후에도 반드시 병원에 데려가서 건강 상태를 확인해야 합니다.
- 어린 자녀가 있는 집이라면 반드시 구충해야 합니다.

강아지에 대해 잘 알지 못하면, 분양 시에 아픈 강아지를 고르기가 쉽습니다. 이러한 강아지들이 대체로 마르고 체구가 작아서 상대적으로 눈이 커 보이고, 측은하게 느껴지기 때문입니다.
하지만 강아지를 고를 때는 동종 개체 중에서 가장 크고 활발한 강아지를 골라야 합니다.
분양받은 후 3~4일 차에 병원에 오는 강아지의 70%는 전염성 질환때문입니다. 분양 당시 전염병 검사에서 음성이 나오더라도 검진을 소홀히 해서는 안 됩니다. 잠복기 중에는 전염병 검사 결과가 음성일 수도 있기 때문입니다. 따라서 강아지가 조금만 이상해도 바로 병원에 데리고 가서 검진을 다시 받아야 합니다.

④
어떤 준비가 필요한가요?

갑자기 집 안에서 작은 동물이 뛰어다니면 익숙해지기까지 시간이 걸릴 것입니다. 간혹 강아지가 너무 작아서 밟거나 떨어뜨리기도 합니다. 한동안은 가족이 강아지에게 익숙해지도록 강아지 목에 방울을 달아주는 게 좋습니다. 문을 여닫을 때 주의하고, 먹어도 되는 것과 안 되는 것에 대한 훈련도 필요합니다. 강아지는 이것저것 입에 넣어서 씹어 봄으로써 맛, 냄새, 질감 등을 학습하는데 삼키는 경우가 있으므로 주의해야 합니다. 사고를 방지하기 위해 방이나 거실은 깨끗하게 청소해야 합니다. 특히 소파나 침대 밑, 가구 사이를 주의 깊게 청소해야 합니다.

간혹 강아지가 전선을 물어뜯어 감전사고가 일어나거나 이물에 의한 수술이 필요할 수도 있습니다. 어린아이가 콘센트 구멍에 젓가락을 꽂아 발생하는 사고를 떠올리면 위험한 정도를 쉽게 이해할 수 있습니다. 물어뜯을 것이 필요한 동물에게 충전기선이나 전선은 매력적으로 보일 수밖에 없습니다. 그러므로 동물이 쉽게 닿는 곳에 위험한 물건을 두면 안 됩니다.

또 바닥이나 화장실을 락스 같은 화학물질로 청소하는 것은 좋지 않습니다. 어리고 호기심이 많은 강아지는 항상 새로운 냄새에 이끌리고, 그것을 맛봄으로써 세상을 이해하고 학습하려고 합니다. 따라서 강아지가 화학물질로 청소한 곳을 핥아서 탈이 나기도 합니다.

반려견이 흔히 섭취하는 이물
자두 씨, 갈비뼈, 개미용 고체 살충제, 장난감 파편, 담배, 사람이 먹는 약, 과자, 화분에 심어 놓은 식물, 클립 같은 자잘한 물건, 양말, 스타킹, 쓰레기통의 내용물 등

⑤
반려견을 위해
무엇을 사야 하나요?

• 사료

반려견의 나이
에 맞는 양질의
사료가 필요합
니다. 어린 강

아지는 하루에 자기 체중의 5~6% 정
도를 먹어야 합니다. 즉, 강아지의 체
중이 2kg이라면 하루에 100~120g의
사료를 먹어야 합니다. 이 분량은 종이
컵으로 1컵하고도 1/3컵 정도 됩니다.
이를 하루에 3~4번 나누어 주어야 합
니다.

• 밥그릇

플라스틱은 알
레르기를 유발
할 수 있으므로

스테인리스나 유리 재질로 된 것이 좋
습니다. 그리고 엎어지지 않게 적당히
무거우며, 미끄럽지 않게 바닥이 넓고
고무마킹이 된 것이 좋습니다.

• 집

강아지는 하루
에 14시간 이상
잠자므로 항상
편안하게 머물

수 있는 집이 좋습니다. 푹신한 재질로
되어 있어야 하고, 조용한 곳에 놓아두
어야 합니다.

• 샴푸

반려견의 나이에 적
합한 샴푸를 사용해
야 합니다. 되도록
무색무취인 것이 좋
습니다. 강아지는 2

주에 1회 정도 목욕하는 것이 적당합
니다. 목욕을 너무 자주 하면 강아지의
피모 건강에 좋지 않습니다.

• 브러시

반려견의 털 길
이에 알맞은 브
러시가 필요합
니다. 브러시를

해 주는 것은 미리 불필요한 털을 제거
하고, 견주와의 유대감을 높이며, 피모

27

의 혈액 순환을 개선해 피부병을 예방
하고, 피모의 건강을 유지하는 데 아주
중요한 역할을 합니다.

• 크레이트(이동장)

크레이트는 강아
지와 함께 이동하
거나 손님이 왔
을 때 필요합니
다. 강아지가 위협이나 불안을 느꼈을
때 피신하는 자신만의 공간이 되도록
해야 합니다. 그러기 위해서는 크레이
트를 항상 잘 보이는 곳에 놓아두고,
언제라도 강아지가 들어갈 수 있게 해
주어야 합니다. 되도록 간식은 크레이
트 안에 놓아 주고, 강아지가 크레이
트에 들어가 있을 때는 강아지가 싫어
하는 행동을 하지 않는 게 좋습니다.
또한 억지로 강아지를 꺼내는 것도 피
해야 합니다. 강아지가 어릴 때부터
크레이트를 좋아하고 편안하게 느낄
수 있도록 꾸준히 훈련하면 이로운 점
이 많습니다.

• 산책용 목줄

기본 접종이 끝난 후, 수의사가 산책이

가능하다고 하
면 그때부터 반
려견과 자주 산

책해야 합니다. 산책은 반려견의 건강
과 견주와의 유대감을 위해 중요한 요
소입니다. 특히 산책은 반려견의 사회
화 훈련에도 큰 영향을 미칩니다.
가장 일반적인 목줄은 나일론이나 가
죽으로 만들어진 것입니다. 이상적
인 목걸이 길이는 반려견의 목둘레에
5~7cm를 더해 준 수치입니다. 목걸이
와 반려견에게 어울리는 리드 줄도 구
입합니다.

하네스는 반려견의 목 부분에 심한 압
박을 주지 않아서 많이 이용합니다. 하
지만 견주와 함께 걷는 훈련이 충분히
되지 않은 경우, 하네스는 견주를 끌
고 가려는 반려견의 습성을 자극하므

로 초기부터 사용하는 것은 바람직하
지 않습니다.

● 패드(배변판)

반려견이 어릴 때
부터 대소변을 가
릴 수 있도록 훈
련해야 합니다. 강아지는 대소변을 볼
때 몸에 묻는 것을 극도로 싫어합니다.
그래서 발에 대소변이 튀지 않는 재질
에 대소변을 봅니다. 집 안에서는 반려
견용 패드를 사용해서 비교적 손쉽게
대소변 훈련을 할 수 있습니다. 또한
패드를 사용하면 대소변 냄새도 덜 나
게 됩니다.

예방 의학

예방 접종

① 예방 접종에 대해 알고 싶어요

예방 접종은 세계소동물수의사회(WSAVA) 권고안과 국내법에 따라 필수 백신과 비필수 백신으로 나눌 수 있습니다.

반려견이 전염성 질환에 걸리지 않으려면 반드시 예방 접종을 해야 합니다. 심각한 전염성 질환은 생명을 위협하고, 병이 낫기 위해서 많은 처치와 투약이 필요합니다. 예방 접종을 하지 않으면 질병이 다 나은 후에도 영구적 장애나 장기 손상을 가져올 수 있습니다. 따라서 예방 접종은 전염성 질환으로부터 병을 예방하고, 질환에 걸리더라도 잘 싸워 이겨 내기 위해서 필요합니다. 즉, 예방 접종의 목적은 바이러스나 세균이 몸에 침입했을 때 병을 일으키지 않는 상태로 만들어 버리거나, 병을 일으킨 상태더라도 심각하게 발전하는 것을 막는 것입니다.

예방 접종은 강아지가 활발하고 식욕이 양호하며 다른 건강상의 문제가 없을 때 실시합니다. 보통 생후 8주 전후에 1차 예방 접종을 합니다. 모견과 빨리 떨어져서 모유를 수유한 기간이 짧았다면 예방 접종을 좀 더 일찍 시작해야 합니다.

생후 8주에 예방 접종을 시작하는 이유는 이때가 모견으로부터 받은 항체가 줄어드는 시기이기 때문입니다. 항체는 병이 나기 이전에 그 병 자체를 무력화시키거나, 병으로 발전되었더라도 싸워서 이기도록 해주는 무기입니다.

항생제는 우리가 세균이라고 말하는 박테리아성 질환에 아주 유용한 약입니다. 하지만 아직 바이러스 자체를 죽이는 약은 개발되지 않았습니다. 바이러스성 질환은 매우 심각한 병을 일으키므로 바이러스를 중화시키는 것, 즉 무력화시키는 항체가 꼭 필요합니다.

항체가 줄어드는 정도는 강아지마다 차이가 큽니다. 이것은 모견으로부터 받은 항

〈예방접종의 종류와 시기〉

	생후 8~9주	10~11주	12~13주	14~15주	16~17주
종합 백신(DHPPL)	1차	2차	3차		
코로나 백신	1차	2차			
켄넬코프 백신			1차	2차	
광견병					1회

- 필수 종합 예방 접종: 종합 백신(DHPPL), 광견병
- 비필수 예방 접종은 해당 나라나 지역의 전염병 정도나 해당 강아지의 위험도에 따라 접종을 권장하기도 하고 안 하기도 합니다.
- 종합 예방 접종은 3차까지로 충분한 항체가 형성되는 경우도 있고, 추가 접종해야 하는 경우도 있습니다. 따라서 3차까지 예방 접종을 하고 나서 2주 후 항체가 검사를 해서 필요하면 추가 접종하는 것이 좋습니다.
- 광견병은 국내법에 따라 반드시 맞아야 하는 종합 예방 접종입니다. 수입해서 사용하는 광견병 예방 접종은 3년간 효과가 지속됩니다. 하지만 생후 3개월 후에 처음 접종하고, 이후 법적으로 매년 접종할 것을 권장합니다.

체의 양과 항체를 받은 시기와 연관이 있습니다. 모견의 초유를 통해 많은 양의 항체를 받았다면 없어지는 데도 어느 정도의 시간이 소요되고, 항체를 받은 시기가 시차를 두고 진행되었다면 줄어드는 데 걸리는 시간도 길어집니다. 그래서 현재 반려견이 예방 접종 전이라면 몸 안에 있는 항체의 정확한 양을 짐작하기가 힘듭니다. 이럴 때 **항체가 검사**를 하는 것을 추천합니다.

예방 접종과 그다음 예방 접종과의 간격을 잘 지키는 것 또한 중요합니다. 1차 예방 접종만으로는 충분한 양의 항체를 만들지 못하기 때문입니다. 그래서 예방 접종을 여러 번 실시하는 것입니다.

예방 접종을 하면 그 자극을 통해 항체가 만들어지기 시작합니다. 만들어지는 항체의 양은 상승 곡선을 그리다가 어느 시점에 도달하면 내려가기 시작합니다. 마치 포물선을 그리는 것과 같습니다. 1차 접종으로 항체의 포물선이 최고의 위치에 올라갔

을 때 2차 접종을 하게 되면, 그것으로 자극되어 만들어진 항체는 1차 접종으로 만들어진 최고점에서부터 다시 항체를 만들어 내게 됩니다. 보통 항체 생성의 포물선이 상승 곡선을 보이는 기간은 2주에서 최대 4주입니다. 또 3차 접종으로는 2차 접종으로 말미암아 최고점에 도달한 그 위치에서 항체를 만들어 냅니다. 이렇게 반복 접종을 하면 병원체를 충분히 방어할 수준의 항체가 만들어지게 됩니다.

그런데 항체를 만들어 내는 능력은 반려견에 따라 차이가 크게 납니다. 예방 접종으로 말미암은 항체 생성의 자극은 같지만, 만들어 내는 능력이 다른 것입니다. 그래서 보통 3회의 예방 접종으로 충분한 항체가 생성되지만, 어떤 반려견은 4~5회의 예방 접종으로도 항체가 충분히 만들어지지 않기도 합니다.

예방 접종과 그다음 예방접종과의 간격이 너무 떨어지면 항체 생성의 포물선이 떨어지는 위치에서 다음 예방 접종의 자극이 들어가게 됩니다. 이렇게 되면 예방 접종을 4~5차까지 해도 항체는 원하는 수준까지 도달하지 못하는 경우가 종종 생깁니다. 이런 경우 항체가 검사를 해 보면 항체가가 낮게 나옵니다.

따라서 예방 접종의 횟수와 간격을 잘 지켜야 합니다. 그리고 마지막 예방 접종 후 2주일이 되면 항체가 검사를 해서 항체가 잘 생성되었는지 확인해야 합니다.

②
항체가 검사는 꼭 해야 하나요?

항체가 검사는 예방 접종을 다 마치고 나서 충분한 항체가 생성되었는지를 확인하거나, 예방 접종 전에 반려견이 가진 항체가 어느 정도인지를 확인하기 위해서 하는 검사입니다.

예방 접종 전에 아직 항체가 많이 남아 있다면 예방 접종 시기를 조정할 수 있습니다. 항체가 검사는 예방 접종의 시작점을 잡는 가장 정확한 방법의 하나입니다. 예방 접종과 모체 이행 항체 사이에는 중화라는 과정이 발생할 수도 있기 때문입니다.

강아지는 모견으로부터 항체를 받습니다. 임신 중에는 태아의 상태에서 태반을 통해, 태어난 후에는 모유를 통해 나머지 절반 정도를 받습니다. 이렇게 모견을 통해 받는 항체를 모체 이행 항체라고 합니다. 모체 이행 항체의 양은 우선 모견이 가지고 있는 항

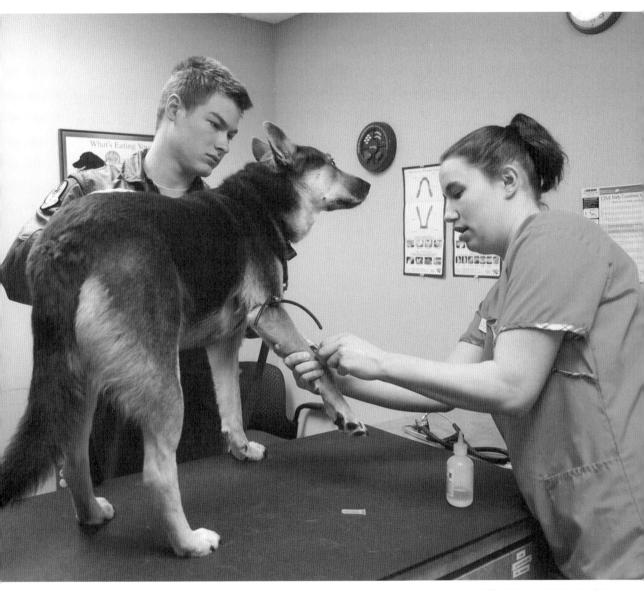

▲ 예방 접종은 전염성 질환을 예방하기 위해 꼭 필요하다.

체의 양과 연관이 있습니다.

1차로 모견이 예방 접종 관리가 잘 되어 있고, 몸이 건강한 상태라면 임신 중에 태반을 통해 강아지에게 충분한 양의 항체를 전해 줄 수 있습니다. 2차로 강아지가 모견 곁에서 모유 수유의 기간을 충분히 가졌다면, 모유를 통해 충분한 양의 항체를 받았을 것입니다. 하지만 모견의 건강 상태가 안 좋았거나 예방 접종 관리가 부족했거나 강아지가 모견과 일찍 떨어졌다면 모견으로부터 받은 항체의 양이 적을 수 있습니다. 이렇듯 모견으로부터 받은 항체의 양은 여러 가지 요인으로 말미암아 다를 수 있습니다. 따라서 일반적인 예방 접종의 시작 시점이 어떤 강아지에게는 부정확할 수도 있습니다.

모체 이행 항체의 양이 많을 때 예방 접종을 하면 모체 이행 항체가 중화됩니다. 이는 모체 이행 항체가 예방 접종의 자극을 몸에 침입한 위험한 인자로 인식해서 자신의 항체를 이용해 무력화시키는 것입니다. 예방 접종의 자극으로 항체를 만들어 내기 전에 가지고 있는 항체를 소진하므로 예방 접종을 해도 항체의 양은 더 적어질 수도 있습니다. 이런 시기에 전염성 질환에 노출되면 예방 접종을 했어도 전염성 질환에 취약할

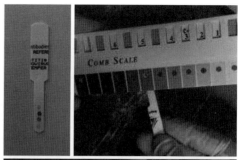
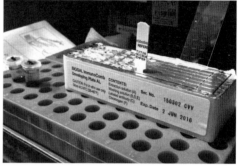

▲ 항체가 검사

수도 있습니다.

가끔 진료하다 보면 "예방 접종을 다 했는데도 강아지가 파보 장염에 걸렸어요."라는 말을 듣습니다. 이런 경우에는 모체 이행 항체가 예방 접종에 의해 중화된 가능성을 의심해 볼 수도 있습니다.

항체는 일종의 단백질로 강아지에 따라 그것을 만들어 내는 생산 능력에 차이가 있습니다. 이건 마치 높이뛰기의 능력이 각자 다른 것과 같습니다. 높이뛰기를 하기 위해서는 모두 한 번의 도움닫기를 하게 됩니다. 도움닫기는 모두 똑같이 한 번

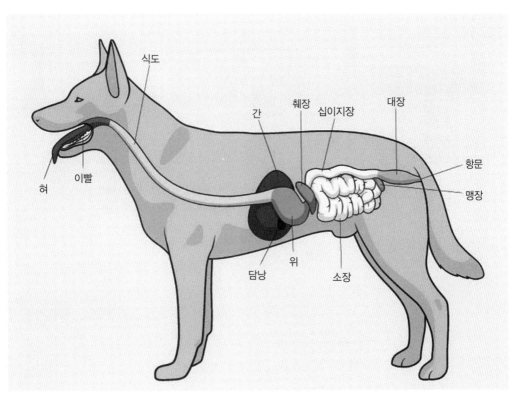

▲ 개의 소화 기관

인데, 높이 올라가는 정도는 다 같지 않습니다. 항체가 검사를 통해 파보 장염, 개홍역, 개 전염성 간염의 항체 양을 객관적으로 알 수 있습니다.

기본 예방 접종의 종류에는 어떤 것이 있나요?

반려견이 어렸을 때는 몇 가지의 기본 예방 접종을 순서대로 해 주어야 합니다. 기본 예방 접종에는 종합 백신이라고 하는 4종 또는 5종 백신, 코로나 장염 백신, 켄넬코프라고 하는 전염성 비기관지염 백신, 개 인플루엔자 백신, 광견병 백신이 있습니다.

모든 예방 접종은 반려견이 어떤 질병의 징후도 보이지 않는 건강한 상태에서 실시해야 합니다. 이를테면 열이 없고, 식욕이 떨어져 있지 않고, 콧물, 기침, 설사, 구토 등의 증세가 전혀 없는 상태에서 예방 접종을

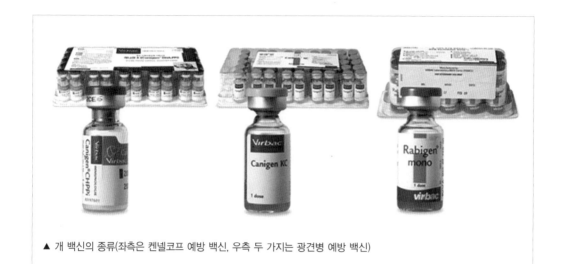

▲ 개 백신의 종류(좌측은 켄넬코프 예방 백신, 우측 두 가지는 광견병 예방 백신)

해야 합니다.

종합 백신(5종 백신)은 **파보 장염**, **개홍역**, **개 전염성 간염**, **파라인플루엔자**, **렙토스피로시스** 등 다섯 가지 주요 전염성 질환을 예방하는 백신입니다. 2주에서 4주 간격으로 3~5번 접종합니다. 이것으로 예방되는 질병 중에 매우 심각한 전염성 질환이 두 개 있습니다. 바로 파보 장염과 개홍역입니다.

파보 장염에 걸리면 처음에는 식욕 부진을 보이다가 구토와 심한 출혈성 설사를 하게 됩니다. 이 질환은 전염성이 매우 강하고, 치사율이 50~70%까지 이르는 매우 위험한 전염병입니다.

개홍역도 치사율이 매우 높은 심각한 전염성 질환입니다. 홍역의 임상 증상의 시작은 눈곱이 끼거나, 콧물이 나오면서 기침해서 마치 일반 상부 호흡기 질환에 걸린 것처럼 보입니다. 그러다가 밥을 잘 안 먹으면서 구토나 설사를 하는 다른 임상 증상까지 나타나게 됩니다.

홍역 바이러스가 대뇌까지 침투하면 눈 주위나 얼굴 근육에 지속해서 경련이 일어나거나, 앞다리나 뒷다리를 지속해서 움직이는 신경 증상까지 보이게 됩니다. 이 경우에는 회복하더라도 영구적으로 장애가 남게 됩니다.

코로나 바이러스로 말미암아 발생하는 **코로나 장염**은 파보 장염에 비해 치사율이 낮지만, 강아지에게는 치명적인 결과를 안거 줄 수도 있습니다. 예방 접종은 2주에서 4주 간격으로 2~3회 접종합니다.

흔히 켄넬코프라고도 하는 **전염성 비기관지염**은 콧물과 기침으로 시작해서 폐렴으로까지 진행할 수도 있는 호흡기성 질환입니다. 이 예방 접종도 2주에서 4주 간격으로 2~3회 접종합니다.

그리고 1급 인수 공통 전염병인 **광견병**을 예방하기 위한 백신은 1회 접종합니다.

이외에도 개 인플루엔자 백신과 곰팡이 질환을 예방하는 곰팡이 예방 백신도 있습니다. 개 인플루엔자의 증상은 기침, 발열, 식욕 부진 등입니다. 이 질환은 전염성이 매우 높지만 상대적으로 치사율은 낮습니다.

하지만 나이가 많거나 건강에 문제가 있는 개가 걸리면 치사율은 당연히 높아집니다. 개 인플루엔자 백신은 2주에서 4주 간격으로 2회 접종합니다. 곰팡이 예방 백신 역시 2주에서 4주 간격으로 2회 접종합니다.

그리고 주사로 맞는 예방 접종은 아니지만 정기적으로 꼭 필요한 예방약이 있습니다. **심장 사상충**을 포함한 내부 기생충과 외부 기생충 예방약입니다. 모기가 옮기는 심장 사상충을 예방하기 위해서는 심장 사상충 예방약을 매달 먹이거나 바르는 형태의

약을 피부에 발라 주어야 합니다. 이 예방약은 예방 접종이 시작되는 시점에 같이 시작합니다.

심장 사상충 예방약의 형태는 알약 형태이거나 간식처럼 씹어 먹을 수 있는 사각형 형태입니다. 피부에 바르는 형태도 있습니다. 형태만 다를 뿐 예방약의 효과에는 차이가 없습니다. 먹는 심장 사상충 예방약은 심장 사상충과 내부 기생충이 같이 예방되고, 바르는 형태의 심장 사상충 예방약은 심장 사상충과 함께 벼룩, 이, 진드기와 같은 외부 기생충이 예방됩니다.

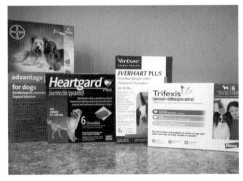

▲ 심장 사상충 예방약

개회충, 편충 등과 같은 내부 기생충 구충도 예방 접종 시기에 같이 시작합니다.

혹시 모견이 내부 기생충에 감염되어 있거나 의심되는 상태라면, 강아지들의 내부 기생충 예방약은 다음과 같이 투여해야 합

니다. 생후 2주인 강아지에게 먹여도 되는 강아지 전용 내부 기생충 예방약을 1차로 투여하고, 4주 때 2차로 투여합니다. 그러면 태반을 통과한 내부 기생충 구제가 일단은 끝납니다. 8주 때 내부 기생충 예방약을 투여하면 모유를 통한 내부기생충의 감염도 구제가 됩니다. 이후에는 3개월에서 6개월 간격으로 내부 기생충 예방약을 먹이는 것을 추천합니다.

새롭게 입양한 강아지는 2주 간격으로 2회 내부 기생충 예방약을 먹고, 이후에는 3~6개월 간격으로 내부 기생충 예방약을 먹이면 됩니다.

벼룩, 이, 진드기 등과 같은 외부 기생충을 예방하는 약도 있습니다. 이 외부 기생충 예방약은 피부에 바릅니다. **산책을 자주 하는 강아지라면 봄이 되기 직전부터 시작하는 것이 좋습니다.** 강아지가 공원, 하천 주변, 산이나 들판을 많이 다니면 꼭 해야 합니다. 도시에서 아파트 단지의 잔디밭을 돌아다니는 정도의 산책을 하더라도 외부 기생충 예방을 하는 것이 좋습니다.

④

감기에 걸렸는데 예방 접종을 해도 되나요?

반려견이 감기에 걸렸다면 예방 접종을 해서는 안 됩니다. 모든 예방 접종은 온전히 건강한 상태에서 해야 하기 때문입니다.

예방 접종은 병을 일으키지는 않지만 몸에서는 병이 침입했다고 인식하게 만들어 병과 싸워 이길 수 있도록 몸의 면역 체계를 자극하는 것입니다. 예를 들면, 총은 총인데 겉모습만 총이고 나무로 만들어진 것이라든지, 총알이 없는 총과 같은 것이 예방 백신입니다. 이러한 백신이 몸 안에 들어오면 몸은 서둘러서 방어할 방법을 마련하게 됩니다. 진짜 총을 만나더라도 이미 연습이 되어서 어떻게 행동해야 하는지를 알게 만드는 것이 예방 접종의 원리입니다.

그런데 예방 접종을 하면 병의 겉모습을 지닌 단백질이 몸에 들어오므로 몸의 면역 체계는 이에 맞게 반응합니다. 정도의 차이가 있지만 미열이 있거나, 평소보다 움직임이 덜하거나, 잠을 좀 더 많이 자는 것과 같은 증상을 보이기도 합니다. 이러한 증상들은 예방 접종 후에 나타나는 지극히 정상적인 반응으로, 살짝 앓는다고도 표현

합니다.

하지만 감기에 걸려 있는 상태에서 예방 접종을 하면, 반려견의 면역체계가 과도하게 일하게 됩니다. 따라서 앞서 언급한 여러 반응이 매우 심하게 나타나거나, 가벼운 호흡기 증상이 심한 상태로 악화할 수도 있습니다.

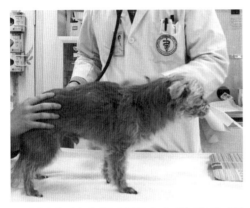
▲ 반려견의 건강 상태를 확인한 후에 예방 접종을 실시한다.

그래서 예방 접종을 위해 동물 병원에 가면, 우선 체온과 체중을 점검하고, 반려견의 일반적인 건강 상태에 관해 질문합니다. 반려견의 건강 상태에 문제가 없다고 판단이 되어야만 예방 접종을 실시합니다. 만약 반려견의 건강 상태가 조금이라도 좋지 않다면 예방 접종을 약간 미뤘다가 건강해진 후에 해야 합니다.

⑤
제날짜에 예방 접종을 못했는데 어떡하죠?

일반적으로 예방 접종 예정일은 약간의 여유가 있습니다. 보통 다음 예방 접종 예정일은 2주 후로 잡습니다. 혹시 그 날짜를 챙기지 못했더라도 4주가 넘지 않았다면 괜찮습니다. 이전 예방 접종의 자극으로 말미암은 항체 생성은 아직 유효한 상태이기 때문입니다. 항체 생성이 아직 상승 곡선 구간일 때 다음 예방 접종의 자극이 들어가면 높아진 그 시점에서 항체 생성이 더 자극됩니다.

하지만 이전 예방 접종으로부터 4주가 지났다면 이전 예방 접종으로 만들어진 항체는 하강 곡선의 국면으로 들어가 있을 것입니다. 그러면 항체 생성이 내려가는 시점에서 다음 예방 접종의 자극을 주게 됩니다. 이렇게 되면 내려간 그 지점에서 항체 생성이 시작되므로 결과적으로 만들어진 항체의 양이 적을 것입니다. 따라서 예방 접종의 효과가 줄어들 수도 있습니다.

예방 접종 예정일에서 많이 지났다면 이전 예방 접종을 무시하고 예방 접종 백신을 좀 더 맞아야 할 수도 있습니다. 이럴 때는 예방 접종을 1차부터 다시 시작한 후 접종이 모두 끝난 뒤에 항체가 검사를 하는 것이 좋습니다.

⑥ 예방 접종을 하고 난 후에 갑자기 눈이 부었어요

이 증상은 예방 접종 후에 발생하는 과민 반응입니다. 발생 빈도가 그렇게 높은 편은 아니지만 체질에 따라서 발생합니다. 예방 접종을 위해 만들어진 백신은 일종의 단백질입니다. 그런데 체질에 따라 이 단백질에 과민 반응을 보이기도 합니다.

사람의 경우는 고등어나 달걀 같은 단백질이나 벌침 등에 알르레기 반응을 보입니다. 하지만 모든 사람에게 증상이 똑같이 나타나지는 않습니다. 주로 눈이 붓거나 피부에 반점이 올라오고, 가려움증이 있다가 사라지기도 합니다. 하지만 일부 특이한 체질을 가진 사람은 매우 심각하게 반응해서 생명이 위험해지기도 합니다.

반려견이 예방 접종 후에 보이는 과민반응도 비슷한 맥락에서 생각하면 됩니다. 예방 접종 후에 증상이 가볍게 나타났다가 좋아지기도 하지만, 반드시 진료를 받아야

합니다. 과민 반응이 나타나는 빈도는 매우 낮은 편이기는 합니다. 이전 접종에서는 알레르기 반응이 없었지만 다시 생기기도 하고, 다른 회사의 백신으로 접종하면 알레르기 반응이 안 나오기도 합니다.

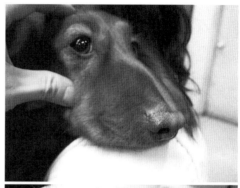

▲ 알레르기 반응으로 얼굴이 붓거나 붉은 반점이 생긴 개

주요 증상은 눈 주위나 귀가 붉게 부어오르는 것입니다. 부어오르는 정도는 반려견마다 차이가 있습니다. 적게 부어오르기도 하고, 심하게 퉁퉁 부어오르기도 합니다. 그리고 피부에 두드러기처럼 울긋불긋한 반

점이 생기거나, 구토하거나, 점막이 창백해지기도 합니다. 과민 반응이 심하면 기도를 포함한 점막에 심한 부종이 생길 수도 있습니다. 그러면 호흡에 문제가 생겨서 아주 심각한 상태에 이를 수도 있습니다. 따라서 반려견이 과민 반응을 보이면 진료를 통해 적절한 처치를 받아야 합니다.

⑦
여름에는 예방 접종을
안 하는 게 좋다면서요?

여름에는 예방 접종을 하지 않는 것이 좋다는 말은 근거가 없는 틀린 상식입니다. 반려견의 건강에 문제가 없다면 계절과 상관없이 예방 접종을 실시하고, 예방 접종 후의 주의 사항을 잘 지키면 됩니다.

🐾 예방 접종 후의 주의 사항에는 어떤 것이 있나요?

예방 접종 후에는 과도한 스트레스를 피하고 집에서 안정을 취하도록 합니다. 그리고 체온 변화로 말미암아 감기에 걸리지 않도록 일주일 정도 목욕을 미룹니다. 여행과 같은 급격한 환경 변화도 없도록 합니다. 예방 접종 후에 과민 반응을 보이는 반려견이

있으므로 예방 접종 직후 30분 정도는 병원에서 대기하고, 4~8시간 정도는 견주가 같이 있으면서 이상 발생 여부를 살펴보는 것이 좋습니다.

🐾 약은 어떻게 먹이나요?

반려견의 치료를 위해 처방된 모든 약은 정해진 시간 간격과 투여 방법, 순서를 지켜야 합니다.

빈속에 먹어야 하는 약은 음식과 함께 복용하면 효과를 얻을 수 없으므로 투여 방법을 꼭 지켜야 합니다. 식전인지, 음식과 함께 먹일것인지, 식후일지는 약을 처방할 때 주의사항으로 알려줍니다.

식성이나 성향에 따라 약을 먹이기가 쉬운 반려견이 있는 반면에, 정해진 시간에 약을 꼭 먹어야 하는데도 약을 먹이기가 힘든 반려견도 있습니다. 그래서 반려견에게 스트레스를 주면서 억지로 먹이기보다는 살살 달래 가면서 약을 주어야 합니다. 처방되는 약은 일시적으로 먹이고 나서 회복이 되면 더 이상 먹이지 않아도 되는 경우가 있지만, 장기간 지속적으로 약을 먹여야 하는 경우도 있기 때문에 약을 먹이는 일이 힘들면 강아지도 보호자도 힘듭니다.

일반적으로 처방되는 내복약의 종류로는

물약, 알약, 가루약 등이 있습니다.

물약은 약과 같이 처방되는 주사기를 사용해서 먹이면 됩니다. 잘 흔들어서 먹여야 하는 약도 있으니 주의해야 합니다. 물약은 주사기에 넣은 후 반려견의 송곳니와 작은 어금니 사이의 공간으로 천천히 먹입니다. 그러면 꿀꺽꿀꺽 물을 넘기는 것처럼 약을 먹습니다.

▲ 물약은 송곳니와 작은 어금니 사이의 공간으로 주사기를 넣어서 천천히 먹인다.

이때 주의해야 할 점이 있습니다. **첫째**, 물약을 너무 빠르게 주입하지 말아야 합니다. 반려견이 삼키기 힘든 속도로 많은 양을 주면 기도로 넘어갈 수 있으니 주의해야 합니다. **둘째**, 반려견이 고개를 너무 들지 않도록 주의해야 합니다. 머리의 수평을 유지

한 상태로 천천히 먹여야 합니다.

알약 중에는 반려견이 씹어 먹어도 맛이 좋도록 간식처럼 만들어진 츄어블 알약이 있습니다. 이런 약은 식성이 까다로운 반려견이 아니면 대부분 잘 먹습니다.

이렇게 씹어 먹을 수 있는 형태가 아닌 알약은 반려견이 좋아하는 간식이나 캔 등에 숨겨서 먹이는 것이 좋습니다. 반려견의 성격이 아주 순하거나, 반려견에게 약을 잘 먹일 수 있는 숙련된 견주가 아니면 강제로 반려견의 입을 벌려서 약을 먹이는 것은 좋지 않습니다. 알약이 처방된 경우는 일반적으로 반려견의 크기가 중형견 이상일 것입니다. 다른 음식에 숨기면 손쉽게 먹일 수 있습니다.

가루약은 동물 병원에서 가장 많이 처방하는 약입니다. 가루약은 대체로 맛이 좀 씁니다. 따라서 물엿이나 반려견의 영양제처럼 단맛이 나거나 기호성이 좋으면서 점도가 있는 것에 약을 개어서 먹이는 방법을 추천합니다. 가루약은 점도가 있는 것과 섞으면 반죽처럼 작은 덩어리를 만들 수 있습니다. 이 작은 덩어리를 반려견의 코끝에 발라 주거나, 입술을 살짝 들어 잇몸에 발라 주거나, 입을 살짝 벌려서 입천장에 발라 줍니다. 잇몸이나 입천장에 바른 경우에는 잠깐

손에 힘을 주지 않은 상태로 반려견의 입을 잡고 있으면 약을 뱉지 않고 삼키도록 할 수 있습니다.

강아지는 단맛을 느끼는 맛세포가 혀에 분포하고 있습니다. 그래서 단맛이 있으면서 점도가 있는 것에 약을 개어서 먹일 경우 약에 대한 거부감도 없을 뿐 아니라 보호자가 약을 먹이는 것이 손쉬울 수 있습니다.

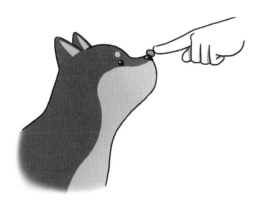

▲ 가루약은 점도가 있는 것과 섞어서 코끝이나 입안에 발라 준다.

약은 사료에 섞어서 먹이기보다는 따로 먹이는 것이 좋습니다. 식욕이 왕성한 반려견이라도 간혹 사료를 남겨서 정확한 양의 약을 먹지 않는 일이 발생할 수도 있기 때문입니다. 음식과 같이 공급해야 하는 약의 경우에는 반려견에게 주어야 하는 사료의 절반 분량에 약을 섞어서 먹입니다. 이 사료와

약을 다 먹으면 나머지 분량의 사료를 줍니다. 그래야 정확한 양의 약을 먹일 수 있습니다.

기생충

(1)

강아지에게 기생충이?

태어나서 한 번도 밖에 나가지 않았고, 땅을 밟아 본 적이 없는 어린 강아지에게도 기생충 감염이 있을 수 있습니다. 기생충

은 태반을 통과해서 태아에게 감염될 수도 있기 때문입니다. 모견이 기생충에 감염되어 있으면 강아지가 태어나기도 전에 감염되어 있을 수도 있습니다. 모견을 통해 모유 수유를 하면 모유를 통해 감염되기도 합니다.

▲ 어린 강아지에게도 기생충 감염이 생길 수 있다.

따라서 2개월 정도 된 어린 강아지의 대변에서 기생충이 보이기도 하고, 기생충이 원인이 되어 장염이 생기기도 합니다. 기생충은 눈으로 확인할 수 있습니다. 대변으로 기생충이 나와서 살아 움직이면 의심의 여지가 없지만, 죽어 있는 경우에도 눈으로 식별이 가능합니다. 굵기는 소변보다 약간 흰색이나 연한 회색빛을 띠고 있으며, 표면이 딱딱한 것처럼 보입니다. 이렇듯 눈으로 확인할 수 있는 내부 기생충이 보이면 기생충 감염이 매우 심한 상태입니다.

태반이나 모유 수유를 통해 내부 기생충에 감염이 되면 내부 기생충은 소장으로 이동하기 위해 강아지의 몸 안에서 '이행'이라는 것을 합니다. 내부 기생충의 감염이 매우 심할 때는 강아지가 토할 때 기생충이 나오기도 합니다.

하지만 너무 큰 걱정은 하지 않아도 됩니다. 기생충 약만 먹이면 금방 없어지기 때문입니다. 집에서 출산한 강아지는 2주에 한 번, 4주에 한 번, 8주에 한 번 내부 기생충 전용 구충제를 먹이면 됩니다. 입양한 강아지는 2주 간격으로 예방 접종과 함께 구충제를 먹이면 내부 기생충 감염을 치료할 수 있습니다.

② 기생충은 어떤 경로로 감염되는 건가요?

내부 기생충은 주로 구강을 통해서 감염되지만, 다른 여러 경로로 감염되기도 합니다.

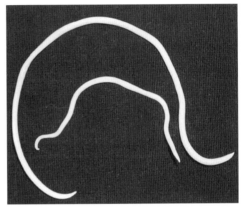

▲ 내부 기생충

우선 곤충에 의해 감염되는 내부 기생충이 있습니다. 눈의 누관이나 결막낭, 제3안검에 기생하는 안충은 파리에 의해서 전염됩니다. 도시보다는 시골이나 산 주위의 지역에서 많이 발생하고, 사냥이나 등산을 많이 하는 반려견에게 주로 감염됩니다.

그리고 모기에 의해 전염되어 폐동맥이나 심장의 우심실에 기생하는 심장 사상충이 있습니다. 지역에 상관없이 발생하고,

주로 야외에 있는 반려견이 감염되기 쉽습니다.

가장 흔한 내부 기생충인 **개회충**은 주로 소장에 기생합니다. 일반적으로 대변으로 나온 알을 구강으로 섭취해서 감염됩니다. 하지만 모견이 개회충에 감염되어 있으면 태반을 통해서, 그리고 모유 수유 중에는 모유를 통해서 감염됩니다.

구충 역시 주로 소장에 기생하고, 대변으로 나온 알을 구강으로 섭취해서 감염됩니다. 또한 구충도 모견이 감염되어 있는 상태라면 태반과 모유를 통해서 감염이 이루어질 수 있습니다.

다른 내부 기생충과는 다르게 구충은 알에서 깨어난 유충이 피부를 통해 감염될 수도 있습니다. 흙이나 풀 속에 유충이 있으면 개의 피부를 통해 감염됩니다.

편충은 주로 대장에 기생합니다. 감염은 대변으로 나온 알을 구강으로 섭취해서 일어납니다.

③
진드기가 무서워요

개에게 감염되는 기생충은 크게 외부 기생충과 내부 기생충으로 나눌 수 있습니다.

내부 기생충에는 우리가 흔히 아는 회충, 요충, 십이지장충 등이 있고, 외부 기생충에는 개의 몸 밖에 서식하는 이, 진드기, 벼룩 등이 있습니다. 이 가운데 진드기는 우리 눈에 띌 정도로 큰 참진드기부터 너무 작아서 눈으로는 보이지 않는 옴진드기까지 그 종류가 매우 다양합니다.

진드기류는 가려움증이나 피부염 등을 유발할 뿐 아니라 진드기가 흡혈하는 동안 라임병, 아나플라스마증, 에를리히증, 바베시아증 등의 치명적인 질병을 옮기기도 합니다. 진드기 같은 외부 기생충은 반려견의 건강을 심각하게 위협할 뿐만 아니라, 사람에게도 병을 옮길 수 있습니다.

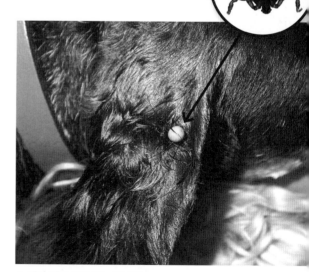

▲ 개의 귀에 붙어 있는 진드기

▲ 피부에 발라 주는 외부 기생충 구제제

진드기 구제제는 피부에 바르는 스팟온부터 목걸이 형태, 먹는 약, 주사제 등 형태와 종류가 다양합니다. 따라서 수의사와 상의해 반려견에게 가장 올바른 구충 방법을 결정하고, 매달 구충해 주어야 합니다.

④
심장 사상충이란 무엇인가요?

심장 사상충은 폐동맥과 심장 중에서 주로 우심방과 우심실에 기생하는 내부 기생충입니다. 심장 사상충은 일반적인 다른 내부 기생충과는 매우 다릅니다. 일반적인 내부 기생충은 주로 소화관 내에서 기생하며 알을 낳고, 대변으로 그 알을 몸 밖으로 내보냅니다.

하지만 심장 사상충은 성충이 폐동맥과

심장에서 기생하며 유충을 낳습니다. 유충은 주로 새벽에 말초 혈관으로 이동합니다. 하지만 심장 사상충 감염이 심각해서 기생하는 성충 수가 많다면 유충 수도 당연히 많으므로 특정 시간에 관계없이 말초 혈관 내에서 유충이 관찰될 수 있습니다.

▲ 심장사상충

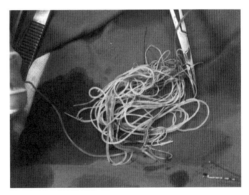
▲ 심장 사상충 제거 시술

말초 혈관은 주로 피부 근처의 혈관으로, 모기가 이 개의 피를 흡혈할 때, 모기의 몸 안으로 유충이 옮겨집니다. 모기의 몸 안으로 들어간 유충은 성장의 단계를 거쳐 다른 개에게로 옮겨졌을 때 성충으로 자랄 수 있는 전염성을 획득하게 되고, 모기가 다른 개를 흡혈하는 동안 유충이 이주해 심장사상충이 전염되게 됩니다.

심장 사상충은 개와 개 사이에서는 전염이 되지 않습니다. 이를테면 심장 사상충에 감염된 개가 개나 고양이와 함께 지내도, 다른 개나 고양이에게 심장 사상충이 직접 전염되지는 않습니다. 심장 사상충은 모기가 심장 사상충에 감염된 동물을 흡혈한 후 다른 동물을 흡혈했을 때 옮겨집니다. 심장 사상충을 옮기는 모기는 전세계적으로 약 60여 종이 있습니다.

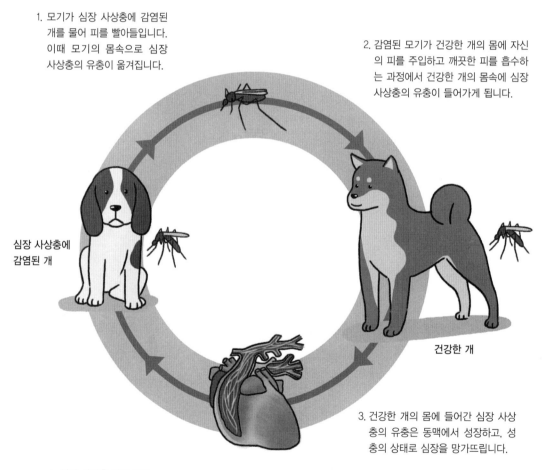

1. 모기가 심장 사상충에 감염된 개를 물어 피를 빨아들입니다. 이때 모기의 몸속으로 심장 사상충의 유충이 옮겨집니다.

2. 감염된 모기가 건강한 개의 몸에 자신의 피를 주입하고 깨끗한 피를 흡수하는 과정에서 건강한 개의 몸속에 심장 사상충의 유충이 들어가게 됩니다.

심장 사상충에 감염된 개

건강한 개

3. 건강한 개의 몸에 들어간 심장 사상충의 유충은 동맥에서 성장하고, 성충의 상태로 심장을 망가뜨립니다.

▲ 심장 사상충 감염 경로

모기가 없는 도시 가정집에서는 안전한가요?

지금은 곤충의 시대라고 할 만큼 곤충의 숫자가 매우 많습니다. 보이지 않는다고 해서 곤충이 없다고 말할 수 없습니다. 평소에 모기 퇴치 약과 모기장을 사용하고 있다고 해도 모기가 전혀 없는 도시 가정집은 없습니다. 그러므로 심장 사상충에서 완벽히 안전하다고 할 수 없습니다.

최근 도시에서는 겨울에 난방이 잘되어서 겨울에도 모기가 상주하는 경우가 많습니다. 고층 아파트에서도 모기가 엘리베이터를 타고 이동하고, 지하의 배수 처리장 같이 물이 많고 온도가 따뜻한 곳에서는 모기가 1년 내내 살고 있습니다.

따라서 모기가 눈에 띄지 않는 계절에도 쉬지 않고 예방해야 합니다.

⑥

심장 사상충에 감염되었을 때 증상은 어떤가요?

심장 사상충의 초기 감염이나 감염된 심장 사상충의 수가 적을 때는 대부분 특별한 임상 증상을 보이지 않습니다. 그래서 외형적으로는 심장 사상충에 감염되었다고 판단할 수 없습니다. 드물게 가벼운 기침 정도를 보이기는 합니다.

임상 증상이 보이기 시작할 때는 이미 심장 사상충 감염이 어느 정도 진행되어 여러 장기에 손상을 주기 시작한 후입니다. 이때 반려견은 움직이려고 하지 않고, 누워 있는 시간이 많아집니다. 또한 호흡이 빨라지거나 호흡을 힘들어하고, 복수가 차거나 기침, 기절, 체중 감소, 포도주색과 같은 혈뇨 등의 증상을 보입니다.

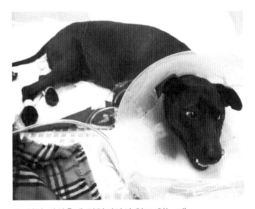

▲ 심장 사상충에 감염되어서 앓고 있는 개

중점적으로 손상된 장기에 따라서 임상 증상이 좀 다르게 보일 수 있습니다. 폐 조직에 중증 손상이 생기면 기침을 하기 시작하고, 움직임이 적어집니다. 그래서 걷거나 뛰는 것과 같은 운동을 하지 않으려고 하고, 조금 움직인 후에는 바로 엎드리기 시작합니다. 때로는 객혈하기도 합니다.

이렇듯 심장 사상충에 감염되면 치료비가 많이 들 뿐만 아니라, 치료한다고 해도 장기 손상이 심한 경우에는 생명을 위협할 수도 있습니다.

⑦
심장 사상충 예방약은
꼭 먹여야 하나요?

심장 사상충 예방약은 꼭 먹여야 합니다. 심장 사상충은 예방약을 정확한 간격으로 먹이면 충분히 예방할 수 있습니다.

집 밖에서 생활하며 심장 사상충 예방약을 먹지 않은 5세 이상의 개들이 심장 사상충에 감염되었는지를 검사해보니, 약 50% 정도가 감염된 상태였다고 합니다. 검사한 개체 수가 적어서 일반적이라고 하기에는 조금 어렵지만, 심장 사상충 예방약을 먹지 않은 개가 심장 사상충에 감염될 확률은 매우 높습니다.

이렇듯 심장 사상충에 감염된 것도 큰 문제지만, 이런 개들이 치료를 받지 않아서 모기를 통해 심장 사상충을 퍼뜨릴 수 있다

는 것이 더욱 큰 문제입니다.

심장 사상충 예방약은 모기가 심장 사상충 유충을 감염시켰을 때, 그 유충을 죽이는 역할을 합니다. 따라서 심장 사상충에 감염된 개를 물어 흡혈한 모기가 다른 개를 물어서 심장 사상충 유충을 감염시켰더라도, 심장 사상충 예방약을 먹이면 심장 사상충 유충을 죽일 수 있습니다.

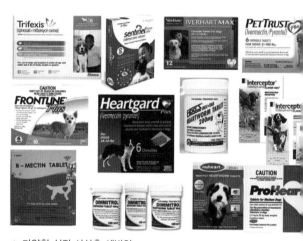

▲ 다양한 심장 사상충 예방약

최근 기후변화에 따라 우리나라의 여름이 길어지고 평균온도가 상승하고 있어서, 심장사상충이나 진드기 매개 질병의 발생이 늘고 있습니다. 반려견의 건강을 위해 철저한 예방이 필요합니다.

혈액 검사로 알 수 있는 것은 무엇인가요?

혈액 검사로는 상당히 많은 정보를 알 수 있습니다. 몸의 전반적인 건강 상태뿐만 아니라 병의 심한 정도도 알 수 있습니다.

혈액 검사는 크게 두 가지로 나눌 수 있습니다. 첫째는 혈구 검사입니다. 이 검사는 간단히 말하면 혈액 속에 있는 적혈구, 백혈구, 혈소판을 검사하는 것입니다. 적혈구나 백혈구의 수를 계산해서 그 숫자의 증가나 감소에 따라 어떤 질병이 원인인지를 알 수 있습니다. 혈액 검사 기계로 계산해서 참고 수치와 검사한 수치를 비교합니다.

우선 적혈구 수치가 적거나 많을 수 있습니다. 적혈구 수치가 적으면 **빈혈**이라고 합니다. 빈혈은 만성 신부전 등으로 적혈구 생성 자체가 감소하거나, 몸속에서 적혈구를 파괴하는 용혈로 적혈구가 파괴되거나, 출혈 등으로 적혈구를 손실하는 등 다양한 원인으로 발생합니다. 반면 적혈구 수치는 탈수, 폐 질환, 쿠싱 등으로 말미암아 증가합니다. 적혈구 수치 이외에도 적혈구의 크기나 적혈구 내의 헤모글로빈 농도, 적혈구 재생 정도도 평가할 수 있습니다.

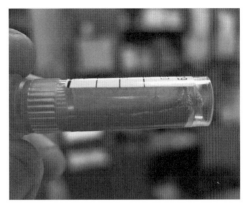

▲ 개의 혈액

백혈구는 몸속에 침입한 세균 등과 싸우는 병사입니다. 그래서 정상 수치가 매우 중요합니다. 백혈구는 호중구, 호산구, 호염기구, 단핵구, 림프구로 나눌 수 있습니다. 백혈구의 수치 변화도 의미가 있습니다. 백혈구 수치가 높을 때는 몸에 전신성으로 감염이 진행 중이라고 볼 수 있습니다. 백혈구 수치가 낮은 것은 세균성 감염, 바이러스성 감염, 골수 장애 등 때문입니다. 혈소판 수치는 지혈과 연관이 있습니다.

둘째는 혈청 검사입니다. 이는 혈청에 있는 특정 효소, 단백질, 전해질, 대사 물질 등을 검사해 특정 장기의 손상, 장기 기능, 영양 상태 등을 파악하는 검사입니다. 간, 신장, 췌장 등 주요 장기의 이상 유무를 판단할 수 있고, 갑상선 호르몬, 부신 피질 호르몬과 같은 호르몬 수치도 알 수 있습니다.

〈동물 혈액 검사 용어표〉

- ▲는 해당 수치(척도)가 증가했을 때 짐작되는 원인과 증상
- ▼는 해당 수치(척도)가 감소했을 때 짐작되는 원인과 증상

종합 혈청 화학 검사 (SC)	AST (aspartate aminotransferase)	간장 내에 함유된 효소의 양이다. 주로 AST는 ALT보다 더 심각한 간 손상의 지표다. ▲ 간 질환, 골격근 손상, 심장 손상, 약물 중독 등의 경우에 증가할 수 있다. (간이 손상되면 효소가 방출되기 때문이다) • 간질환의 경우에는 AST와 ALT의 지표가 함께 증가한다. • 근육 질환의 경우에는 AST와 CK의 지표가 함께 증가한다.
	ALB (albumin)	혈청 단백질인 알부민은 간에서 합성되며, 혈관 삼투압의 75%를 차지한다. 혈액의 액체가 조직 속으로 빠져나가지 않고, 혈관 속에 계속 있도록 한다. ▲ 탈수 시에 증가할 수 있다. ▼ 소화기 질환, 신장 질환, 간 질환 등이 심할 때 감소할 수 있다.
	TBIL (total bilirubin)	빌리루빈 검사는 담도계 이상과 특정 빈혈 종류를 감별하는 데 도움을 준다. 흔히 말하는 황달은 빌리루빈의 변화와 관련이 있다. ▲ 간 질환이나 용혈 빈혈 시 증가한다.
	ALKP(alkaline phosphatase)	간의 손상, 부신 피질 기능 항진증(쿠싱 증후군) 또는 어린 동물의 뼈 성장을 나타낸다. ▲ 간 손상을 나타낼 수 있다.
	Ammonia	암모니아다. ▲ 간의 해독 기능이 떨어질 때 증가할 수 있다.
	ALT(alkaline aminotrnasferase)	간 손상 수치다. 민감도가 높은 검사지만, 간 손상의 원인을 밝혀 주지는 못한다. ▲ 간 질환, 중독 등을 나타낼 수 있다. ▼ 간 부전 등을 나타낼 수 있다.
	Cholesterol-total	총콜레스테롤을 나타낸다. 콜레스테롤은 세포막과 혈관 벽을 구성하고, 부신 피질 호르몬과 성호르몬을 합성하는 원료다. 또한 지방의 소화와 흡수에 필요한 담즙산의 재료다. ▲ 콜레스테롤의 양이 많아지면 파괴되지 않고 혈관 내벽에 붙어서 혈관을 메우거나 동맥 경화와 고혈압 같은 성인병을 일으킬 수 있다. ▼ 너무 적으면 몸의 기능이 저하되기도 한다.
	Ca++ (calcium)	칼슘은 몸속을 돌아다니며 생리적인 활동을 한다. ▲ 악성 종양, 골의 종양이나 감염, 부신 피질 기능 저하증, 부갑상선 기능 항진증, 비타민 D의 과잉 등을 나타낼 수 있다. ▼ 췌장염과 저알부민 혈증, 신부전 등을 나타낼 수 있다. 신부전과 산후에 새끼들에게 젖을 너무 많이 먹였을 때 흔히 감소한다.

PHOS (phosphorus)	인 수치를 통해 식이, 호르몬, 신장 질환, 갑상선 등의 이상을 살펴볼 수 있다. ▲ 어린 동물인 경우, 신장 질환, 호르몬 질환, 용혈 등 응고계 이상을 나타낼 수 있다. 식욕 감퇴를 보일 수 있다. ▼ 소장과 호르몬 질환을 의심할 수 있다.
Total Protein	핏속의 총 단백질량이다. ▲ 탈수증일 때 증가할 수 있다. 격렬한 운동 후에는 정상치보다 5~10%가량 상승할 수도 있다. ▼ 영양 부족, 단백뇨(단백질이 섞여 나오는 소변), 만성 간 장애, 간염 등의 경우 감소할 수 있다.
LIP (lipase)	리파아제는 췌장에서 분비되는 소화 효소로, 췌장염을 나타낼 수 있다. 하지만 이 수치만으로 확진하기는 어렵고, 추가 검사 등을 통해 판단해야 한다. ▲ 탈수, 쇼크, 심장 질환 등으로 증가할 수 있다.
GGT (gamma glutamyl transferase)	스테로이드 과다를 나타내는 효소다. ▲ 담즙 울체, 소화기 질환, 신부전, 간 질환 등의 경우 증가할 수 있다.
BUN (blood urea nitrogen)	혈액 요소 질소는 신장 기능을 나타낸다. ▲ 고질소 혈증(azotemia)이라 하며 요도 폐쇄, 쇼크, 탈수, 심장 질환, 신장 질환, 간 질환 등의 경우 증가할 수 있다. ▼ 간 기능 장애, 과수분 등의 경우 감소할 수 있다.
CRE (creatinine)	크레아티닌은 활동하면서 생긴 노폐물이다. ▲ 신장 질환, 요로 폐색 등 소변이나 배설 등이 원활하지 못한 경우나 급성 신부전, 만성 신부전 등의 경우 증가할 수 있다.
CK (creatine kinase)	크레아틴 키나아제는 골격근, 심장, 뇌에 존재하는 효소다. ▲ 주로 심근 경색 시에 심장 근육이 파괴되어 혈액으로 유출, 증가한다. 원발성 근육 질환 시에도 증가할 수 있다.

Na+(natrium)	나트륨이다. ▲ 심한 탈수나 섭취량이 늘어났을 때 증가할 수 있다. ▼ 당뇨병이나 부신 피질 기능 저하증, 중증의 간 질환 등의 경우 감소할 수 있다.	전해질은 전반적인 몸의 균형을 보여 준다. 따라서 장염, 심한 탈수, 간 부전, 신부전 등이나 큰 사고가 생기면 불균형이 나타난다.
K+(potassium)	칼륨이다. ▲ 신부전, 부신 피질 기능 저하증, 탈수, 요도 폐쇄 등의 경우 증가할 수 있다. ▼ 구토, 설사를 하거나 만성 신부전의 경우 감소할 수 있다.	

		Cl⁻(chlore)	염소다. ▲ 대사의 이상과 신질환 등의 경우 증가할 수 있다. ▼ 부신 피질 기능 저하증, 구토 등의 경우 감소할 수 있다.
일반 혈액 검사 (CBC)	백혈구 검사	WBC (white blood cell)	백혈구는 체내에 균이나 이물질이 침입하면 자신의 수를 늘려 균이나 이물질을 잡은 후 소화 분해시킨다. 즉, 백혈구의 증가는 체내의 어딘가에 염증이 생겼음을 의미한다. ▲ 세균 감염이 있으면 일반적으로 증가한다. 백혈구 증가증, 알레르기, 암, 염증, 흥분 등의 경우 증가할 수 있다. ▼ 바이러스에 감염되면 오히려 감소하기도 한다. 감소할 경우 범백혈구 감소증을 나타낼 수 있다.
		WBC– Lymph	림프구는 병균의 침입을 막는 항체를 만든다. ▲ 감염, 특정한 암(임파유종 등), 바이러스성 질환의 경우 증가할 수 있다. ▼ 패혈증, 과립구 감소증에 걸리거나, 골수에 영향을 주는 바이러스에 감염되면 감소할 수 있다.
		WBC– Mono	단핵구다. ▲ 만성 염증을 앓고 있거나 스트레스를 많이 받으면 증가할 수 있다. ▼ 약물 치료를 하거나 스테로이드를 처방하면 감소한다.
		WBC–Gran	과립구 백혈구다. ▲ 세균 감염, 염증성 질환, 조직 괴사(심근 경색, 화상), 악성 종양, 급성 스트레스 반응 등의 경우 증가할 수 있다. ▼ 독소적 항원, 호르몬 질병, 혈액 질환, 골수 저하, 바이러스성 감염 등의 경우 감소할 수 있다.
		WBC–Eos	산호성 백혈구(호산구)다. ▲ 피부 질환, 염증성 질환, 알레르기, 기생충 감염의 경우 증가할 수 있다. ▼ 스트레스를 받거나 쿠싱 증후군을 앓는 등의 경우 감소할 수 있다.
		WBC–Baso	호염기성 백혈구다. ▲ 기생충 감염, 알레르기, 염증성 질환 등의 경우 증가할 수 있다. 심장 사상충 등 특정 기생충 감염을 나타낼 수 있다.
		RBC (red blood cell)	적혈구는 혈액에서 산소를 운반하는 역할을 한다. ▲ 탈수를 의심할 수 있다. ▼ 빈혈, 출혈 등의 경우 감소할 수 있다.

Glucose	포도당이다. ▲ 당뇨병이나 일시적인 흥분 상태로 증가할 수 있다. ▼ 저혈당인 경우 일시적인 기절이나 발작, 혼수를 유발할 수 있다.	
HGB, Hb (hemoglobin)	헤모글로빈은 적혈구에 들어 있는 산소를 운반하는 색소다. ▲ 탈수의 경우 증가할 수 있다. ▼ 빈혈과 출혈, 철분 결핍 시 감소할 수 있다. 헤모글로빈 수치가 낮으면 몸에 산소를 제대로 운반하지 못하게 된다.	
HCT (hematocrit)	헤마토크릿은 혈액에서 적혈구가 차지하는 용적의 비중을 백분율로 표시한 것이다. ▼ 감소 시 적혈구 증가증과 빈혈 정도를 파악하는 척도가 된다.	
MCV (mean corpuscular volume)	적혈구의 평균 용적이다. 빈혈의 종류를 파악하는 척도가 된다.	
MCH(mean corpuscular hemoglobin)	평균 적혈구 혈색소량은 한 개의 적혈구당 헤모글로빈이 얼마나 있는지를 나타낸다. ▲ 백혈구 증가증이나 고지혈증의 경우 증가할 수 있다.	
MCHC(mean corpuscular hemoglobin concentration)	적혈구 개당 평균 혈색소 농도다. ▲ 용혈이 있을 때 증가할 수 있다.	
RDW−CV (red cell distribution width)	적혈구 크기의 다양성을 나타낸다. 철분결핍, 비타민 B_{12} 결핍, 엽산 결핍 등을 판단할 때 참고한다. ▲▼ 적혈구 간의 크기 차이가 크면 수치가 높고, 크기 차이가 작으면 수치가 낮게 나온다.	
PLT (Platelet)	혈소판은 상처가 생겨서 출혈이 있을 때, 피딱지를 만들어 지혈해 주는 역할을 한다. ▲ 과도한 스트레스를 받거나 급성 출혈 후 골수 이상이 있는 경우에 증가할 수 있다. ▼ 혈소판 수가 줄어들거나 기능 저하가 생기면 쉽게 출혈이 생기고 출혈도 잘 멎지 않는다.	
MPV (mean platelet volume)	평균 혈소판 용적이다. ▼ 감소할 경우 작은 충격에도 출혈의 위험이 있을 수 있다.	

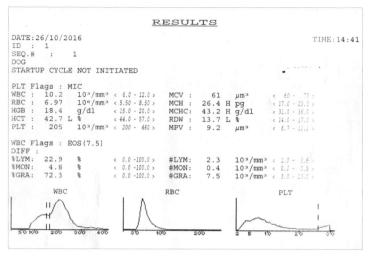

```
                          RESULTS
DATE:26/10/2016                                    TIME:14:41
ID  :  1
SEQ.#  :  1
DOG
STARTUP CYCLE NOT INITIATED

PLT Flags : MIC
WBC :  10.2   10³/mm³  < 6.0 - 12.0 >   MCV  :   61    μm³      < 60 - 77 >
RBC :   6.97  10⁶/mm³  < 5.50 - 8.50 >  MCH  :  26.4 H pg       < 17.0 - 23.3 >
HGB :  18.4   g/dl     < 15.0 - 20.0 >  MCHC:  43.2 H g/dl      < 31.0 - 36.0 >
HCT :  42.7 L %        < 44.0 - 57.0 >  RDW  :  13.7 L %        < 14.0 - 17.0 >
PLT :   205   10³/mm³  < 200 - 460 >    MPV  :   9.2    μm³      < 6.7 - 11.1 >

WBC Flags : EOS(7.5)
DIFF :
%LYM:   22.9   %       < 0.0 -100.0 >   #LYM:    2.3  10³/mm³   < 1.0 - 3.6 >
%MON:    4.8   %       < 0.0 -100.0 >   #MON:    0.4  10³/mm³   < 0.1 - 0.5 >
%GRA:   72.3   %       < 0.0 -100.0 >   #GRA:    7.5  10³/mm³   < 3.0 - 13.0 >

        WBC                    RBC                    PLT
```

〈혈청 검사 결과표〉
WBC: 백혈구 숫자
RBC: 적혈구 숫자
HGB: 헤모글로빈(혈색소) 숫자
HCT: 헤마토크릿
PLT: 혈소판 숫자
MCV: 평균 적혈구 용적
MCH: 평균 적혈구 색소량
MCHC: 적혈구 내의 평균 혈색소 농도
RDW: 적혈구 분포도
MPV: 평균 혈소판 용적

▲ 혈액 검사 장비   ▲ 혈액 도말

Tip

혈액 검사는 건강 검진을 위한 최소한의 검사 중 하나일 뿐 절대 모든 질병을 알 수 있는 만능 검사는 아닙니다.

혈청 검사에는 여러 가지의 검사 항목이 있습니다. 이 항목 결과로 여러 장기의 이상 유무를 짐작할 수 있습니다. 검사 항목에서 이상 수치가 나오면 다른 검사를 진행할 수도 있습니다. 또 혈청 검사로 혈액 내의 전해질 농도를 알 수 있습니다. 몸에 이상이 생기면 혈액 내의 전해질 농도가 변하기 때문입니다.

비만

①

체중이 많이 나가면
비만인가요?

적정 체중의 약 40% 정도가 초과되면 비만이라고 말합니다. 반려견의 25~45% 정도가 비만이므로 상당히 많은 편입니다.

손으로 반려견의 몸통을 만졌을 때 갈비뼈의 윤곽이 바로 느껴진다면 아무리 체중이 많이 나간다고 해도 비만한 상태가 아닙니다. 피하 지방이 많지 않기 때문입니다.

갑상선 기능 저하증이나 부신 피질 기능 항진증 등의 호르몬 질환 때문에 생긴 비만이 아니라 정상적인 상태의 비만은 우선 섭취한 칼로리가 많아서 생깁니다. 사료의 양이 많지 않다고 해도 평소에 가볍게 생각하고 주는 간식의 칼로리가 높은 경우가 많습니다. 간식은 기호성이 좋도록 만들어지는데, 기호성을 좋게 하려면 아무래도 고칼로리일 수밖에 없습니다. 실내 생활을 하면서 움직임이 적을 수밖에 없는 환경이면 더욱

비만한 반려견이 되기 쉽습니다.

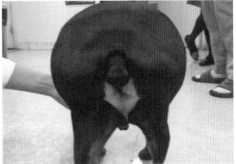

▲ 비만한 개는 지방이 많다.

또 개는 중성화 수술을 하면 활동이 줄어들어서 체중이 증가합니다. 이때 주로 지방이 늘어납니다. 나이가 들면서 신진대사가 느려지고 움직임이 줄어들면 비만은 좀 더 빠르게 진행됩니다.

보통 비만은 두 단계를 거칩니다. 첫 번째 단계는 섭취하는 음식의 총 칼로리가 많은 것입니다. 이때는 움직임이 줄어듭니다. 두 번째 단계는 정체기입니다. 이때는 섭취한 사료의 칼로리가 소비하는 칼로리와 평형 상태를 이룹니다. 이렇게 되면 상대적으로 낮은 칼로리의 음식을 섭취해도 비만 상태가 지속될 수 있습니다.

▲ 비만도에 따른 개의 외형 변화

래브라도레트리버, 코커스패니얼, 닥스훈트, 셰틀랜드 쉽독, 바셋 하운드, 비글, 킹 찰스 스패니얼, 보더 콜리, 웨스트 하이랜드, 스코티시 테리어 등의 품종이 비만 소인이 있는 것으로 알려져 있습니다.

② 사료를 너무 많이 먹어요

사료를 너무 많이 먹는다는 것은 주관적인 판단일 수 있습니다. 반려견의 체중에 따라 필요한 사료의 양은 사료의 포장지 뒷면에 표시되어 있습니다. 따라서 현재 반려견이 섭취하는 사료의 양이 정말로 많은 것인지 권장량과 비교해 보아야 합니다.

권장량보다 섭취하는 양이 현저히 많다면, 병적인 원인이 없는지 검사를 통해 확인해야 합니다. 비정상적으로 항진된 식욕의 원인이 질병 때문일 수도 있기 때문입니다. 갑상선 기능 항진증이거나 부신 피질 기능 항진증일 때도 많이 먹으려고 합니다. 당뇨병이 있어도 많이 먹으려 하지만, 이때는 체중이 감소합니다.

아무런 질병이 없는데도 지속해서 항진된 식욕을 보인다면, 반려견의 관심을 음식이 아닌 다른 것으로 유도할 방법을 찾아야 합니다. 혼자 있는 시간이 긴 반려견은 활동성이 없고 잠잘 때가 많습니다. 이렇듯 무료하게 지내는 시간이 길어지면 운동량이 떨어지고 식사량만 늘어나기 쉽습니다.

③
비만은 어떻게 치료하나요?

비만한 개들의 치료법이 모두 같지는 않습니다. 어떤 비만한 개는 사료나 간식의 양과 무관할 수도 있고, 어떤 비만한 개는 철저한 식이 조절이 필요할 수도 있습니다. 따라서 우선 동물 병원에 가서 영양학적인 조언을 구하는 것이 좋습니다.

일반적으로 적정 체중의 40% 정도가 더 나가면 비만이지만, 적정 체중의 15% 정도가 더 나갈 때부터 체중 관리를 시작하는 것이 좋습니다. 이때 시작하는 체중 관리 프로그램은 견주 참여, 활동량 증가, 칼로리 감소를 포함한 포괄적인 프로그램이어야만 합니다.

이런 포괄적인 프로그램을 시작하기에 앞서, 우선 개가 살이 찔 수 밖에 없는 병적인 이유가 있는지 검사를 통해서 미리 알아보고 시작해야 합니다. 혹시라도 비만을 만드는 병적인 원인이 있다면, 그 질환에 대한 치료를 먼저 시작해야 합니다.

▲ 비만한 반려견을 치료하기 위해서는 짧은 거리의 산책부터 시작해야 한다.

이 프로그램에서 가장 중요한 것은 견주의 참여입니다. 비만한 반려견을 성공적으로 치료하려면 견주와 가족 전체의 참여가 꼭 필요합니다. 반려견이 스스로 운동량을 늘리고, 먹는 것을 조절할 수 없기 때문입니다.

우선 견주는 매일 반려견의 체중, 운동량, 섭취한 사료와 간식의 양을 기록해야 합니다. 이 기록을 일주일 단위로 평가해서 제대로 되고 있는지 알아보아야 합니다. 그래야 사료의 양을 조절하거나, 칼로리가 더 낮은 처방식 사료로 바꿀 수 있습니다. 또한 견주는 자주 사료나 간식을 달라고 조르는 반려견의 습관을 고쳐야 합니다. 그러기 위해서는 가족 모두가 참여하는 것 또한 매우 중요합니다. 가족 중에 누구는 반려견에게 간식을 주고 누구는 주지 않으면, 반려견은 간식을 달라고 더 강하게 졸라서 비만을 치료하기가 매우 힘듭니다.

두 번째는 반려견의 활동량과 운동량을 늘려야 합니다. 기초 대사량을 높이고 운동량을 늘려서 섭취한 칼로리를 최대한 소비하도록 해야 합니다. 이를 위해 사료를 소량씩 자주 주는 것이 좋습니다. 또 매일 산책하는 것을 포함해 물건을 던져서 가져오게 하는 등의 여러 가지 운동을 규칙적이고 지속적으로 시켜야 합니다. 심하게 비만한 반려견은 가슴 줄을 하고 약 100m 정도의 거리를 천천히 걷는 것부터 시작하는 것이 좋습니다.

세 번째, 체중 감소는 8~12주에 걸쳐 서서히 이루어지도록 합니다. 일주일에 체중의 1~2% 정도가 줄어드는 것이 가장 적절합니다.

평소에 주던 사료로 체중 감소를 하려면, 사료의 양을 줄여야 합니다. 그러면 반려견이 사료를 더 달라고 하는 등 배고픔을 호소합니다. 이런 모습에 마음이 약해지는 견주들도 있습니다. 그럴 때는 체중 감소를 위한 처방식 사료를 주는 것도 방법입니다. 이 사료를 줄 때는 권장량을 정확히 지키는 것이 아주 중요합니다.

▲ 비만 처방 사료

이렇게 해서 반려견의 체중 감소에 성공한 후에는 그 체중을 유지하는 것이 중요합니다. 이를 위해 견주는 1~2주에 한 번씩 반려견의 체중을 기록해 두는 것이 좋습니다.

또한 지속해서 운동량을 유지해 주어야 합니다. 반려견이 너무 혼자 오래 있어서 지루해 하거나 스트레스를 받지 않도록 산책은 계속하는 것이 좋습니다.

맛있는 간식도 최소한으로 주어야 합니다. 대신 애정 어린 손길로 칭찬해 주면서, 간식의 양과 횟수를 줄이는 게 좋습니다.

Tip

반려견의 비만을 치료할 때 큰 문제는 배고픔입니다. 이 문제를 가장 효율적으로 해결하기 위해서는 수의사와 상의해서 비만 치료용 처방식을 먹이는 것이 좋습니다.
이 처방식은 칼로리가 낮고, 적은 양으로도 포만감이 오래가도록 만들어졌습니다. 적절한 용량의 처방식을 먹으면 매주 1~2%씩 체중이 감소합니다. 이렇게 최대 6개월까지 비만 프로그램의 유지가 가능합니다. 하지만 배고픈 것은 그리 유쾌한 감각이 아니므로, 되도록 빠른 기간(3개월) 내에 프로그램을 종료하는 것이 좋습니다.

비만하면 걸리기 쉬운 합병증은 무엇인가요?

비만한 상태가 지속해서 유지되면 여러 장기에 영향을 끼치게 됩니다. 우선 비만한 반려견은 움직이는 것을 싫어하고, 더위를 잘 참지 못하고, 기운이 없는 것처럼 보입니다. 이때 제일 먼저 문제가 생기는 장기는 **근골격계**입니다. 무거운 체중을 지탱하고 움직이기 위해서 근육과 뼈에 여러 퇴행성 변화가 일찍 오기 시작합니다. 특히 관절부터 문제가 발생합니다.

다음에는 **심혈관계**에 문제가 생깁니다. 심장은 잠시도 쉬지 않고 일하는 장기입니다. 체중이 많이 나가면 심장에서 피를 보내야 하는 면적이 훨씬 넓어지므로 심장이 훨씬 더 많이 일하게 됩니다. 또한 피하와 내장에 지방이 과도하게 축적된 상태여서 심장 근육에도 지방이 과도하게 축적됩니다. 이렇게 되면 심장에 부담이 생깁니다.

소화기 쪽으로는 지방간이나 췌장에 염증이 생길 수 있습니다. 내분비적으로는 포도당 불내성이나 당뇨병 위험도가 높아지고, 내장 지방이 많으면 인슐린 분비에 영향을 끼칠 수 있습니다.

호흡기계에도 문제가 생깁니다. 기관의 내강이 좁아지는 기관 허탈이나 폐포에서 산소 교환 능력이 저하되어 나타나는 호흡 곤란을 보일 수 있습니다. 면역학적으로는 감염에 취약하고, 상처의 회복 속도가 느릴 수 있습니다.

이뿐만이 아닙니다. 비만한 반려견은 임신 확률이 떨어질 수도 있고, 임신해도 출산할 때 난산이 되는 경우도 많습니다. 또, 비만하게 되면 더위에 많이 힘들어 하고, 움직이는 걸 싫어해서 비만의 악순환으로 이어질 수 있습니다.

⑤
비만하면 목소리도 달라지나요?

비만하다고 해서 목소리가 달라지지는 않습니다. 목소리는 성대의 떨림으로 진동이

▲ 후두 낭종에 걸리면 기침, 목소리 변성, 식욕 부진 등의 증상이 나타난다.

생긴 공기가 목의 인·후두 부위와 입안, 코 등을 통과하면서 만들어집니다. 따라서 목소리에 변화가 생긴 것은 소리가 통과한 길의 어느 지점에 변화가 생긴 것을 의미합니다.

목소리 변화의 가장 큰 원인은 성대 변화입니다. 비만하면 성대 주위의 조직에도 지방이 침착하기는 하지만, 목소리 변화에 영향을 주지는 않습니다. 그러므로 목소리가 달라지면 성대나 인·후두부의 결절 등을 의심해 보아야 합니다.

비만하면 내적으로도 지방 조직이 차게 됩니다. 성대나 기관지 주변에도 지방이 침착해 기관지를 압박하게 됩니다. 이렇게 되면 숨 쉬기가 힘들어지는 기관지 협착, 수면 중 코골이, 수면 중 무호흡 등이 나타날 수 있습니다.

⑥
어떤 사료가 좋나요?

• 사료의 종류

사료의 종류는 크게 건식 사료, 반습식 사료, 습식 사료로 나눌 수 있습니다.

건식 사료는 일반적으로 가장 많이 먹이는 사료입  니다. 수분 함량이 10% 내외여서 공급과 보관이 편리하고, 유통 기간이 비교적 길어 경제성이 매우 좋습니다. 또한 건식 사료를 씹는 과정은 치과 위생에 도움이 됩니다. 하지만 이 사료는 기호성이 약간 떨어질 수 있습니다.

반습식 사료는 수분 함량이 15~35%이고, 건식 사료보다 기호성이 높은 장점이 있습니다.

하지만 수분 함량이 많으면 곰팡이나 세균이 발생할 위험이 있  습니다. 그래서 사료 회사에서는 반습식 사료를 만들 때 가끔 당류나 콘 시럽 등을 다량으로 첨가하기도 합니다. 이로 말미암아 콘 시럽 같은 점도 있는 음식에 예민한 반려견은 복통이나 소화 불량을 호소할 수도 있습니다. 따라서 처음 먹일 때는 주의가 필요합니다.

습식 사료는 수분 함량이 약 75%에 달해 기호성이 높은 장점이 있습니다. 습식 사료는 수분 섭취량을 늘리는 데 도움을 줍니다. 따라서 만성 방광염이나 방광 결석 같은 하부 비뇨기 질환이 있을 때 먹이면 좋습니다. 또한 탄수화물 함량이 적어 당뇨병이 있는 반려견에게도 도움이 될 수 있습니다.

하지만 습식 사료는 개봉하면 반드시 냉장 보관해야 합니다. 또한 가격이 비싸고, 건식 사료에 비해 영양학적으로 균형이 잘 잡혀 있지 않은 경우가 많습니다. 따라서 주식으로 공급하려면 해당 회사에 주식으로 이용해도 좋은지, 영양 균형이 잘 갖추어져 있는지 문의해야 합니다.

• **좋은 사료의 기준**
영양학적 측면에서 좋은 사료의 기준은 기호성, 흡수율, 영양 균형, 원료의 안정성 이렇게 네 가지로 나눌 수 있습니다.

기호성이란 특정 음식에 대해 동물이 선호하는 정도를 뜻합니다. 먹지 않으면 건강이 크게 나빠지기 때문에 극단적인 관점에서 보자면 가장 중요한 요소입니다.

일반적으로 습식 사료가 건식 사료에 비해 기호성이 높습니다. 개가 가장 선호하는 음식 온도는 약 40℃이고, 개가 음식의 기호성을 평가하는 데 사용하는 가장 중요한 감각은 후각입니다. 즉, 음식에서 풍기는 냄새가 기호성을 결정하는 가장 중요한 잣대인 것입니다. 후각 다음으로 기호성을 좌우하는 감각의 순서는 촉각(크기, 모양, 질감) - 미각 - 생리적인 반응 순입니다.

지방으로 사료 알갱이를 코팅해서 기호성을 높인 사료들도 있습니다. 그밖에 사료의 재질, 알갱이 크기 등도 기호성에 영향을 끼칩니다.

영양 균형은 아주 오랫동안 한 가지의 사료만 먹여도 영양학적 균형이 잘 맞아서 별다른 문제가 생기지 않고 건강하다는 의미입니다. 영양 성분이 과다하면 중독 성향을, 영양 성분이 모자라면 결핍 성향을 보입니다.

영양학적 균형을 맞추기 위해서는 많은 시간과 노력이 필요합니다. 최소 2~30년 이상 사료를 계속 먹이며 균형을 맞추는 과정이 필요하기 때문입니다. 많은 견주들이 간과하지만 의외로 중요한 문제입니다. 사람과 달리 강아지들은 한 가지 사료만 수년에서 10년 이상 먹어야 하기 때문입니다.

원료의 안정성이란 사료에는 장기적으로 몸에 해가 되는 원료가 들어가서는 안 되는 것입니다. 몇 해 전, 사료의 원료로 합성수지인 멜라민이 포함된 단백질 파우더가 납품되어 몇몇 세계적인 회사의 사료를 먹은 개들이 대량으로 폐사한 사건이 있었습니다. 중국 공장이 열악한 환경에서 원료를 생산하고 납품했기 때문이었습니다.

이후 많은 견주가 유기농 사료를 선호하기 시작했습니다. 하지만 아직 국내는 유기농 사료에 대한 정식 인증 단체나 법적 기준이 없습니다. 따라서 막연히 유기농이라는 단어에 혹해서 사료를 고르면 안 됩니다. 사료 포장지에 유기농이라는 단어가 있어도 "이 사료에는 유기농으로 재배된 원료가 일부 들어 있을 수도 있다." 정도로 해

석하면 됩니다.

결론적으로 사료를 평가하기 위해서는 기호성, 흡수율, 영양 균형, 원료의 안전성 등 종합적인 기준을 가지고 접근해야 합니다.

의외로 수많은 사료 회사가 공장을 가지고 있지 않습니다. 공장조차 외주를 주어야 하는 영세한 브랜드가 대부분인 것입니다.

브랜드는 매우 중요합니다. 우리가 사료를 만드는 과정을 직접 보지 못하고, 사료의 원료가 어떻게 생산되고 어떻게 가공 처리되는지 직접 확인할 수 없다면 결국 믿을 것은 브랜드밖에 없기 때문입니다.

세계적인 사료 회사는 대부분 안정적인 원료를 공급받아서 오랜 기간 쌓인 노하우로 사료를 만들어 냅니다. 이러한 사료는 여러 가지 단백질 원료를 사용해 각 개체의 다양한 기호를 충족시켜줍니다.

2장

소화기

대변

①
대변으로 건강 상태를
알 수 있다고요?

반려견의 대변은 건강 상태를 말해 주는 아주 중요한 지표 중의 하나입니다. 반려견이 음식물을 입으로 섭취해서 위에서 소화되고, 소장과 대장을 거쳐 흡수된 전 과정을 짐작해 볼 수 있기 때문입니다.

강아지는 하루 평균 5회, 성견은 하루 평균 1~2회 정도 배변합니다. 보통 잠자고 깬 후나 사료를 먹고 나서 배변하는 경우가 제일 많습니다. 저녁에 사료를 먹을 때까지 중간에 아무것도 안 먹고 별다른 활동이 없었다면 저녁 즈음에 대변을 볼 수 있습니다. 평소보다 사료를 많이 먹었다면 한두 번 더 대변을 볼 수 있습니다. 평상시보다 운동을 많이 했을 때도 장이 자극을 받아서 배변 횟수가 증가할 수 있습니다. 스트레스를 받아도 배변 횟수가 증가할 수 있고, 이때는 평상시에 누는 장소가 아닌 곳에 배변 실수를

할 수도 있습니다. 배변의 횟수가 너무 적다면 현재 먹고 있는 사료의 양이 부족한 경우일 수 있습니다.

보통 개들은 배변하기 전에 의도를 보이는 행동을 합니다. 주위의 냄새를 맡고, 뱅글뱅글 돌고, 자세를 잡은 후 배변을 시작합니다. 배변하는 도중에도 약간씩 자리를 옮기기도 하는데, 이럴 때는 대변을 몇 군데에 누게 됩니다. 이렇게 몇 군데에 대변을 누어도 한 번의 배변 과정이었다면 배변 횟수는 1회입니다.

대변의 색깔은 먹은 음식, 즉 사료나 간식과 가장 큰 연관이 있습니다. 일반적인 사료를 먹는 반려견의 대변은 진한 황토색이나 갈색을 띱니다. 인공 색소가 들어 있는 간식을 많이 먹은 경우에는 대변이 간식과 비슷한 색으로 나올 수도 있습니다. 하지만 이것은 일시적인 현상이므로 금방 정상 색깔로 돌아갑니다. 이와는 다르게 평소 사료를 먹었고 간식을 주지 않았는데도 대변 색깔이 달라졌다면 동물 병원에 가서 진료를

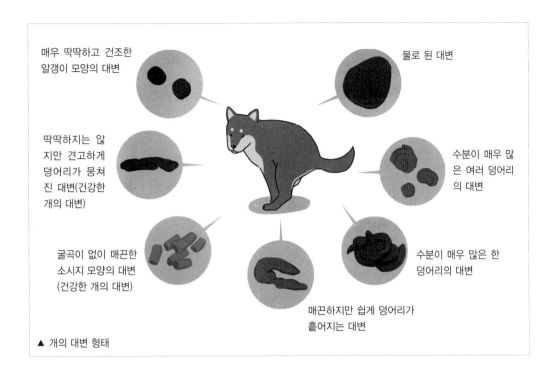

매우 딱딱하고 건조한 알갱이 모양의 대변

물로 된 대변

딱딱하지는 않지만 견고하게 덩어리가 뭉쳐진 대변(건강한 개의 대변)

수분이 매우 많은 여러 덩어리의 대변

굴곡이 없이 매끈한 소시지 모양의 대변 (건강한 개의 대변)

수분이 매우 많은 한 덩어리의 대변

매끈하지만 쉽게 덩어리가 흩어지는 대변

▲ 개의 대변 형태

받아 보아야 합니다.

대변 형태도 중요합니다. 사람은 바나나 형태나 물음표 모양의 대변이 좋습니다. 하지만 반려견은 건식 사료를 주로 먹어서 대변의 양이 상대적으로 적습니다. 그래서 일반적으로 바나나 모양보다는 일직선에 가까운 대변 형태를 보입니다.

건강한 반려견은 손가락 두 마디 정도의 길쭉한 형태로 한 번에 두세 개 덩어리의 대변을 눕니다. 이럴 때는 평소에 섭취한 사료의 양이 적절하고, 위에서 소화가 잘 되고, 장에서 흡수하는 시간과 능력 모두 문제가 없다고 할 수 있습니다. 이런 대변은 집었을 때 바닥에 거의 묻어나지 않거나 약간의 물기가 남아 있는 정도라 버리기도 좋습니다.

그런데 대변의 길이가 손가락 한 마디 정도로 짤막하면서 동글동글하고, 표면은 건조하면서 딱딱하다면, 현재 먹는 사료의 양이 약간 적어서입니다. 소화된 음식물이 장 내에 정체해 있는 시간이 상대적으로 길어서 체내에 수분이 더 많이 흡수된 것입니다. 이때 대변은 상대적으로 더 건조하고 진한 갈색을 띠게 됩니다.

이와는 다르게 설사는 아니지만 무른 대변을 보는 경우도 있습니다. 이 대변은 마치 고물을 묻히지 않은 인절미처럼 형태가 길고, 수분이 매우 많아서 휴지를 사용해서도 집기 힘듭니다. 이런 대변은 장에서 음식물을 소화·흡수하는 능력이 먹은 양을 따라가지 못할 때 나옵니다. 따라서 이럴 때는 사료량을 조금 줄여도 됩니다.

무른 대변보다 더 심하게 수분이 많고 형태가 없을 때는 동물 병원에 즉시 데리고 가서 진료를 받는 것이 좋습니다. 손으로 집을 수 없을 정도로 완전히 퍼져 있는 설사는 장에 염증이 있을 때 나오기 때문입니다.

한꺼번에 눈 대변색이 서로 다른 이유
반려견이 사료 이외에 간식이나 사람의 음식을 먹었을 때, 사료를 갑자기 바꿨거나 미비한 장염에 걸렸을 때 한 번에 본 대변색이 두 가지 이상으로 나타날 수 있습니다. 단, 색깔 이외에 대변의 찰기와 대변을 보는 횟수는 평상시와 같아야 합니다. 만약 대변이 묽어졌거나 설사일 경우에는 몸 어딘가에 이상이 없는지 확인해 보아야 합니다.

설사의 원인은 매우 다양합니다. 사료를 갑자기 바꿨을 때 보이는 식이성 설사, 세균이 원인인 세균성 설사, 바이러스에 감염되어 나타나는 바이러스성 설사, 그리고 다른 만성적인 경과를 갖는 신장 질환이나 간질환에서도 설사를 보일 수 있습니다.

②
노란색, 붉은색, 회색 대변을 쌌어요

반려견의 변의 색깔은 반려견의 건강을 파악하는 데에 매우 유용한 정보입니다. 반려견이 무엇을 먹었느냐에 따라 색깔의 변화가 있을 수도 있지만 위장장애나 췌장이나 간에 문제가 생겼을 때에도 변의 색깔은 변할 수 있습니다.

반려견의 대변이 **노란색**을 띨 때는 간에 문제가 생긴 것은 아닌지 의심해 보아야 합니다. 이때 실시하는 검사로는 혈액 검사, 방사선 검사, 초음파 검사, 조직 검사 등이 있습니다.

원충 감염이나 세균 감염으로 말미암은 대장질환에 걸리면 **붉은색** 대변을 볼 수 있습니다. 이때는 대부분 설사를 동반합니다. 수의사는 원충 감염이 의심될 때 현미경 검사나 키트 검사를 통해 진단을 내리고, 그에 맞는 구충제를 처방하게 됩니다. 세균 감염의 경우 그에 해당하는 항생제와 보조 약제들을 처방합니다.

단순히 짙은 색이 아니라 숯과 같이 검은색의 대변을 본다면, 이는 혈액이 소화되어 검은색 대변으로 배출되었을 가능성이 높습니다. 위나 소장에서 출혈이 생기면 검은색 대변이 나올 수 있습니다. 이때는 혈액 검사를 통해 빈혈 증상이 있는지 확인해야 합니다.

이외에도 피가 많이 함유된 생고기, 숯, 검은색 약물 등을 먹으면 검은색 대변을 볼 수 있습니다. 따라서 반려견이 사료 이외에 먹은 것이 있다면 수의사에게 반드시 알려주어야 합니다.

회백색 대변은 폐색성 황달 등과 같은 간담즙성 질환으로 소장에 담즙이 전혀 유출되지 않을 때 나옵니다. 따라서 이때도 동물병원에서 적절한 치료를 받는 것이 중요합니다.

그 밖에 동물의 뼈를 많이 섭취하면 대변 색깔이 옅게 나올 수 있습니다. 또 녹색 채소나 풀을 과다 섭취하면 대변 색깔이 녹색을 띨 수도 있습니다.

따라서 변의 색이 평상시와 달라졌을 때에 반려견이 평상시와 다른 무엇인가를 먹지는 않았는지 되새겨보고 수의사에게 정보를 제공해주는 것이 좋습니다.

③
어떤 때 병원에 데려가야 하나요?

개가 소화기 계통에 문제가 보이는 가장 최초의 신호 중의 하나는 식욕에 변화를 보이는 것입니다. 최근에 평소 먹던 사료를 바꿨다면 식욕이 조금 줄어드는 것은 자연스러울 수 있습니다. 이런 경우를 제외하고 평소에 잘 먹었던 개가 별다른 이유 없이 식욕이 줄어들었거나 없어졌으면 동물병원에 데리고 가서 진료를 받습니다. 이상 신호의 시작일 수도 있기 때문입니다.

식욕은 정상적인 위와 장의 활동을 보여주는 가장 정확한 지표 중의 하나입니다. 물론 구토나 설사 등도 소화기 계통에 문제가 생긴 것을 나타냅니다. 그리고 피를 토하거나, 혈변을 보는 것과 같은 위장관내의 출혈이나, 변을 볼 때 힘들어하면서 통증을 호소하는 노책의 증상을 보이면 동물병원에서 진료를 꼭 받아야 합니다. 이외에도 심한 변비 증세를 보이거나 갑자기 배가 불러 오거

나 배를 만질 때 통증을 보여도 진료가 필요
합니다.

④
혈변이 나와요

혈변은 눈으로 혈액인 것을 확인할 수
있는 붉은색의 혈변과 원두커피 가루처럼
검은색에 가까운 혈변이 있습니다. 위와 장
의 어느 부위에서 점막이 손상되어 출혈이
일어나면 혈변이 나옵니다.

출혈 부위에 따라 혈변 색깔이 달라집니
다. 먼저 위궤양으로 출혈이 있을 때 혈변
색깔은 검은색입니다. 원두커피 가루와 비
슷한 색깔이고, 출혈량은 적습니다. 하지만
위나 십이지장 같은 상부 소화기계에서 출
혈량이 많으면 짜장 소스와 같은 검은색 대
변을 배출하게 됩니다. 그런데 가끔 구강 내
의 출혈이나 호흡기계의 출혈 때문에 검은

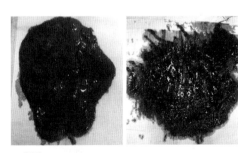
▲ 혈변

색 대변이 나올 수도 있으므로 정확한 감별
이 필요합니다.

붉은색 혈변은 항문과 비교적 거리가 가
까운 대장이나 직장 내의 점막 출혈 때문에
나옵니다. 정상적인 형태의 대변과 함께 보
이는 혈변은 투명한 콧물과 같은 점액질을
동반합니다. 이러한 혈변은 주로 대장염의
증상을 보일 때 나타납니다. 이외에 구충이
나 편충의 중증 감염, 장 중첩, 종양, 출혈성
위장관염, 종양 등이 원인일 때도 붉은색 혈
변이 나옵니다.

만약 반려견이 잘 놀고 잘 먹는데 혈변
을 본다면, 편모가 있는 원생동물인 **지아르
디아**에 감염되었
을 수도 있습니
다. 지아르디아
에 감염되면, 물
건의 표면을 계
속 핥는 이상 행

▲ 지아르디아

동을 보이기도 합니다. 지아르디아 이외에
편충이나 십이지장충 감염에 의해서도 혈변
을 볼 수 있습니다. 따라서 주기적인 구충은
반려견의 건강을 위해서 꼭 필요합니다.

장 중첩 때문에 혈변이 나올 수도 있습
니다. 장 중첩은 응급 상황이므로 수의사의
신속한 조치가 중요합니다. 또한 이물질의

자극으로 말미암은 장 표면의 손상으로 출혈이 발생할 수도 있습니다.

그 밖에 직장에 악성 종양이나 용종이 있을 때도 선홍색 피가 대변 표면에 묻을 수 있습니다. 이는 수의사의 전문적 진단을 통해 규명해야 합니다.

만약 선홍색 피가 대변 표면이 아니라 대변에 내포되어 있다면, 대장 하부나 직장의 출혈이 아닌 그보다 위쪽인 대장 상부 쪽 출혈일 가능성이 높습니다. 확진을 위해서는 내시경 검사가 필요할 수도 있습니다.

이렇게 혈변을 보이는 경우에는 대부분 구토 증상도 같이 나타납니다. 그러면서 체중이 감소하고, 지속적인 출혈로 말미암아 빈혈 증상을 보입니다. 빈혈 때문에 입안 점막이나 귀의 피부가 창백해 보일 수 있습니다.

혈변의 주된 원인인 위장관내의 궤양, 구강, 코, 호흡기계의 출혈에 의한 혈액의 섭취, 간 질환, 신부전, 응고 장애, 종양 등은 어느 경우든 반려견의 건강의 위험신호입니다. 동물병원을 찾아가서 정확한 원인을 밝혀내고, 그에 적합한 치료를 신속히 진행해야 합니다.

⑤
고기를 먹은 후 구토와 설사를 하더니 몸에 힘이 없어요

반려견은 어릴 때부터 사람의 음식에 관심을 두지 않도록 훈련할 수 있습니다. 하지만 사람의 음식에 맛을 들이면 그 음식들을 종종 탐닉하게 됩니다. 이런 경우에 반려견은 사람이 먹는 모든 음식을 좋아하지만, 그 중에서 특히 고기를 좋아합니다.

고기나 튀긴 음식 등을 많이 먹으면 갑자기 구토와 설사를 할 수 있습니다. 이런 증상이 나타나면 단순한 위장관계의 식이성 소화 부전 이외에 급성 췌장염이 생긴 것은 아닌지 의심해 보아야 합니다.

급성 췌장염은 동물 병원에서 키트 검사를 하면 비교적 빨리 진단받을 수 있습니다.

급성 췌장염은 말 그대로 소화기의 효소를 만들어 내는 췌장에 급성으로 염증이 생긴 것을 말합니다. 췌장에 염증이 생기면 기운이 없고, 식욕 부진과 함께 우울감이 생기며, 구토와 설사를 합니다. 구토와 설사를 많이 하면 탈수와 함께 전해질의 불균형이 오게 됩니다.

따라서 혈액 검사를 통해 반려견의 몸 상태를 정확히 파악해야 합니다. 혈구 검

OWNER
Client :
Address :
Tel :

PATIENT
Patient :
Breed : Poodle
Sex : Female
Color :

Species : Canine

Birth : 2004-05-30

Date/Time **2017-02-03 19:22:00**　　　　　　　　　　　　　　　　　Sign :

Name	Unit	Min	Max	Result		
AST	U/L	17	44	117	High	
Albumin	g/dL	2.6	4.0	3.6	Norm	
Bilirubin—Total	mg/dL	0.1	0.5	1	High	
ALKP	U/L	47	254	204	Norm	
Ammonia [NH3]	μmol/L	16	75	36	Norm	
ALT	U/L	17	78	268	High	
Cholesterol—Total	mg/dL	111	312	336	High	
Calcium [Ca++]	mg/dL	9.3	12.1	10.1	Norm	
Phosphorus—Inorganic	mg/dL	1.9	5	4.4	Norm	
Protein—Total	g/dL	5	7.2	7.1	Norm	
Lipase	U/L	10	160	35	Norm	
GGT	U/L	5	14	8	Norm	
BUN	mg/dL	9.2	29.2	11.3	Norm	
Creatinine	mg/dL	0.4	1.4	0.6	Norm	
CK	U/L	49	166	83	Norm	
Glucose	mg/dL	75	128	118	Norm	
Na+	mEq/l	141	152	146	Norm	
K+	mEq/l	3.8	5	4	Norm	
Cl—	mEq/l	102	117	110	Norm	
Globulin	g/dL	1.6	3.7	3.5	Norm	
Albumin/ Globulin ratio		0.7	1.9	1	Norm	
BUN/ Creatinine ratio		12.5	31.8	18.8	Norm	
NA/K		29.9	39.2	36.5	Norm	
WBC	10x9/L	6	12	19.4	High	
WBC—Lymph (#)	10x9/L	1.2	3.2	1.5	Norm	
WBC—Lymph (%)	%	0	100	8	Norm	
WBC—Mono (#)	10x9/L	0.3	0.8	0.6	Norm	
WBC—Mono (%)	%	0	100	3.3	Norm	
WBC—Gran (#)	10x9/L	1.2	6.8	17.3	High	
WBC—Gran (%)	%	0	100	88.7	Norm	
WBC—Eos (%)	%	0	2	3.5	High	
RBC	10x12/L	6	9	7.3	Norm	
Hemoglobin [Hb]	g/dL	15	19	17	Norm	
Hematocrit [Hct]	%	40	55	53.6	Norm	
MCV	fL	60	77	73	Norm	
MCH	pg	17	23	23.2	High	
MCHC	g/dL	31	34	31.7	Norm	
RDW—CV	%	14	17	12.8	Low	
Platelet	10x9/L	150	500	379	Norm	
MPV	fL	6.7	11.1	8.2	Norm	

Memo

▲ 동물 혈액 검사표(용어 설명은 p.54~p.57 참조)

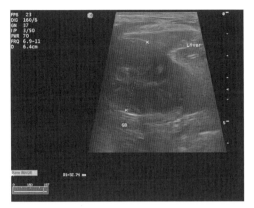

▲ 간 초음파 사진

사에서는 종종 백혈구 수치의 상승이 보이고, 혈청 검사에서는 혈중 내 간 수치(ALT, AST)의 상승을 일반적으로 확인할 수 있습니다. 이것은 췌장의 염증으로 말미암은 독소가 간에 영향을 주기 때문입니다. 때로 혈중 내에 총 빌리루빈 수치도 상승합니다.

급성 췌장염을 치료하기 위해서는 식욕 부진과 구토, 설사 등으로 발생한 탈수와 전해질 불균형을 교정해야 합니다. 이를 위해 수액 요법부터 실시하고, 동시에 음식을 먹이지 않는 절식과 내과적으로 적절한 약물치료를 병행합니다.

치료가 끝난 후에도 저지방의 식이 요법을 권장합니다. 비만한 반려견은 체중 조절을 통해 적절한 체중을 유지하는 것이 필요합니다.

사료를 바꾼 후
대변이 진해지고 양이 줄었어요

대변은 수분, 소화되지 않은 음식 일부, 염분으로 이루어져 있습니다. 사료를 바꾼 후 대변이 진해진 것은 사료의 성분의 변화가 주된 원인일 가능성이 높습니다. 대변의 양은 사료가 반려견의 몸으로 흡수되는 정도 변화에 따라서 달라질 수 있습니다. 대변 양이 줄어든 것은 바꾼 사료가 반려견의 몸에 흡수되는 양이 이전 사료에 비해 많아졌기 때문일 수도 있습니다. 이는 문제가 되지 않습니다.

하지만 대변을 보는 횟수가 줄어들었다면, 이는 변비로 진행되는 것일 수도 있으므로 수분 공급량을 늘려 주는 것이 좋습니다. 음수량이 증가했는데도 대변을 보는 횟수가 줄어들었다면, 다른 질병에 시달리고 있는 것이 아닌지 확인해 보아야 합니다.

대변 냄새가 많이 나는데
사료를 바꾸는 게 도움이 되나요?

최근 사료를 바꿨는데 대변의 상태나 색

깔은 평상시와 똑같고 대변 냄새만 심해졌다면, 사료를 바꾼 것이 원인일 가능성이 높습니다. 이럴 때는 바꾸기 전의 사료를 다시 제공해 주거나 다른 사료로 바꾸는 것이 좋습니다.

이때 사람이 먹는 음식을 반려견에게 주는 것은 최대한 피해야 합니다. 사람이 먹는 음식 때문에 대변 냄새가 심해질 가능성을 예방하기 위해서입니다.

하지만 대변이 묽어지고, 색깔이 평소와 다르면서 냄새가 심해진다면 세균, 진균, 바이러스에 의한 감염이나 몸 내부 기관에 이상이 생겨서일 수도 있습니다. 따라서 대변 상태에도 변화가 생겼다면 동물 병원을 방문해 정확한 진단을 받고 치료해야 합니다.

대변이 반려견 몸에 자꾸 묻어요

반려견들이 장난치다가 어쩔 수 없이 몸에 대변이 묻는 경우를 제외하고는 일부러 몸에 대변을 묻히지는 않습니다. 반려견 몸에 대변이 자꾸 묻는다면 몸의 어느 부분에 묻는지를 구분할 필요가 있습니다. 정상적인 대변을 누었다면 몸에는 잘 묻지 않고 발에 묻는 경우가 많습니다. 종종 대변을 누고 난 다음에 발로 밟기 때문입니다.

특히 장모종인 반려견은 몸에 대변이 잘 묻습니다. 이런 반려견은 조금 무른 대변을 보면 항문 주위의 털에 대변이 묻어 있기도 합니다. 그래서 스스로 항문을 핥아 자신의 몸을 관리하는 것이 힘들 수도 있습니다. 이런 반려견의 견주는 주기적으로 반려견의 엉덩이 털을 들추어서 대변이 묻어 있는지를 살펴보아야 합니다.

항문 주변에 묻은 대변을 장시간 방치하면 피부 질환이 생길 수도 있습니다. 항문 주변의 털도 대변 때문에 뭉치게 되면 그 아래의 피부가 손상될 가능성이 높습니다. 따라서 피부병이 생기지 않도록 항문 주변과 털을 청결하게 유지해 주어야 합니다. 이때 무리하게 씻다가는 오히려 상처가 생길 수도 있으므로 조심스럽게 제거해 주어야 합니다. 직접 씻기는 것에 확신이 없으면 동물 병원을 찾는 것이 좋습니다.

대변이 반려견 몸에 자꾸 묻는다면 무른 대변을 보는 것은 아닌지 확인해야 합니다. 일반적으로 대변이 무르면 몸에 훨씬 잘 묻기 때문입니다. 또한 무른 대변을 누면 대변의 양과 횟수도 상대적으로 많아지게 됩니다. 따라서 반려견이 지속해서 무른 대변을 보고 있다면, 진료를 받아 원인을 파악해야 합니다.

⑨
변비에 걸렸어요

배변의 과정은 변이 직장으로 들어오게 되면, 그것을 신호로 해서 직장의 벽을 자극하는 것으로 시작합니다. 이렇게 자극이 시작되면 연결되어 있는 일련의 반사 작용을 통해 항문 주위의 근육을 이완시켜 변을 배출하게 됩니다. 집 안에서 배변을 하지 않는 개는 항문 주위 근육의 이완을 조절해서 변을 참는 것입니다.

변비는 마르고 딱딱한 대변을 힘들게 배변하거나 배변 횟수가 줄어든 것을 말합니다. 식욕 부진이나 복부 불편감을 동반하기도 합니다. 변비에 걸린 반려견은 배변을 힘들어하고 통증을 호소하는 노책 증상을 보입니다. 이때 대변의 양은 적습니다. 마르고 딱딱한 대변이 나오며, 마지막쯤에는 무른 대변을 조금 보기도 합니다.

변비는 대장에서 대변이 빠져나가기 어렵게 만드는 모든 질환에서 나타날 수 있습니다. 장내에서 대변이 정체하는 시간이 길어지면 수분의 재흡수가 더 일어나서 대변이 더욱 건조하게 됩니다. 만성적인 장 확장증이 있으면 장의 평활근에 퇴행성 변화가 와서 장의 연동 운동이 더욱 줄어들기도 합니다.

또한 변비는 머리카락과 같은 털이나 뼈, 이물질을 먹었거나 섬유소를 너무 많이 섭취해서 생길 수도 있습니다. 운동 부족이나 익숙하지 않은 환경의 변화, 복용하고 있는 약물 등으로 생기기도 합니다. 변비를 일으키는 약물로는 이뇨제나 철 성분이 들어 있는 건강 보조제, 항히스타민제, 제산제 등이 있습니다.

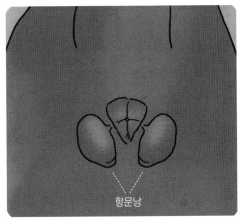

▲ 항문낭에 염증이 생기면 변비에 걸리기도 한다.

마지막으로 항문 주위나 항문낭에 염증이 생기면 통증 때문에 변비에 걸리기도 합니다. 항문낭은 항문을 중심으로 4시와 8시

방향에 있는 두 개의 주머니입니다. 항문낭은 개체별로 다른 냄새를 분비합니다. 그래서 개들은 서로를 인식할 때 이 냄새를 맡으면서 확인합니다.

반려견의 변비가 오래 지속되면, 반려견 스스로 배변하기 힘들어질 수도 있습니다. 이럴 때는 관장을 해 주어야 합니다. 장기적인 관점에서 변비를 해결하기 위해서는 대장의 운동 능력과 배변 습관이 회복되어야 합니다. 그러기 위해서는 적당한 양의 식이섬유소가 들어 있는 처방식을 먹이거나 운동을 병행하는 것이 좋습니다.

⑩
대변을 시원하게 못 누고
찔끔찔끔 싸요

반려견이 대변을 시원하게 못 누고 찔끔찔끔 싸면 배변하는 순간에 통증을 보이는지, 대변에 혈액이 섞여 나오는지를 확인해야 합니다. 또한 대변이 딱딱한지, 무른지, 대변에 점액성 물질이 보이는지도 꼭 확인해야 합니다.

직장이나 대장 끝부분에 염증이나 막힘이 있으면 배변을 힘들어하면서 통증을 호소하고, 대변을 찔끔찔끔 쌉니다. 대장염,

변비, 회음 허니아가 있거나 중성화 수술을 하지 않은 수컷 개가 전립선 쪽에 질환이 있으면 소변을 찔끔거리는 것과 함께 이런 증상이 나타날 수 있습니다.

▲ 배변하는 자세와 대변량을 통해 반려견의 건강 상태를 진단할 수 있다.

또 배변하기 위해서는 앞다리와 뒷다리의 간격을 좁게 유지하면서 척추를 약간 둥글게 구부리고 힘을 주게 됩니다. 근골격계에 문제가 있으면 이러한 자세를 취하기 힘들어서 배변하는 양상이 달라질 수 있습니다. 통증이 심할 때는 배변할 때 비명과 비슷한 소리를 내기도 합니다.

반려견이 어린 강아지라면 염증이 원인일 확률이 높고, 성견이라면 직장이나 대장 내의 종양으로 말미암은 막힘의 가능성도

있습니다. 하지만 변비나 대장염은 반려견의 나이와 상관없이 발생할 수도 있으므로 진료를 통해서 원인이 무엇인지를 확인해야 합니다. 원인이 무엇이냐에 따라 치료의 방법이 달라지기 때문입니다.

⑪
대변에 머리카락이 묻어 나와요

개들은 본능적으로 긴장하면 잡아당깁니다. 그래서 개 장난감 중에는 물고 당기는 행동을 하기 좋게 만들어진 것이 많습니다.

반려견은 견주의 머리카락으로 장난하다가 머리카락이 빠지면 먹기도 합니다. 혹은 바닥에 떨어진 간식이나 음식을 먹다가 머리카락을 같이 먹는 경우도 있습니다. 사람의 머리카락은 위나 장에서 소화가 되지 않아서 그대로 대변으로 나옵니다. 그래서 머리카락 때문에 항문에 변이 매달려 있기도 합니다.

이런 현상은 건강상의 문제가 아닙니다. 반려견이 사료나 간식이 아닌 것을 지속해서 먹는 현상인 이식증이 아니고, 일시적으로 머리카락이 보이는 경우라면 특별히 걱정하지 않아도 됩니다.

⑫
배에서 소리가 계속 들려요

위나 장에서 가스가 많이 차있는 경우에는 몸 밖에서도 들을 수 있는 정도의 소리가 나기도 합니다. 장은 연동 운동을 통해 소화된 음식물을 이동시킵니다. 이때 장내에 가스가 많이 차 있으면 '꾸룩꾸룩'과 같은 소리가 들립니다. 간혹 천둥소리와 비슷한 소리가 나기도 합니다. 이런 소리가 나는 이유는 장내의 가스나 위 안의 공기 때문입니다.

장내에 가스가 축적되는 것은 정상적인 반응입니다. 장내에는 정상적으로도 아주 많은 세균이 살고 있고, 그중에는 가스를 만들어 내는 세균도 있습니다. 정상적인 상황에서 만들어진 가스는 소리까지 들리지는 않습니다.

하지만 장내 가스를 만들어 내는 세균이 과다 증식해서 장내 가스가 평소보다 많이 만들어지면 소리가 더 크게 나게 됩니다. 장내에서 액체 성분이 움직이는 소리까지 같이 나면 소리는 훨씬 크게 나게 됩니다. 이럴 때는 대부분 설사가 동반됩니다.

입을 통해서 위 안으로 공기가 많이 들어가도 소리가 납니다. 사료를 너무 급하게 먹었거나, 위의 소화 능력이 떨어졌을 때 구역질 같은 것을 하면 더욱 공기가 많이 들어가게 됩니다.

습관적으로 사료를 급하게 먹고, 반복적으로 구토하는 반려견은 사료를 줄 때 움푹 들어간 그릇보다는 넓고 평평한 그릇에 담아 주는 것이 좋습니다. 이를테면 접시나 쟁반 같은 것을 사용해서 일부러라도 천천히 먹을 수 있도록 도와주어야 합니다.

▲ 위 안으로 공기가 갑자기 많이 들어가면 구토 증세를 보일 수 있다.

이렇듯 배에서 소리가 들리고 식욕 저하나 구토, 설사 등의 증상이 동반되는 경우에는 단순한 소화불량일 수도 있지만, 보다 심각한 질환일 가능성도 있습니다. 증상이 24시간 이상 지속되면 동물 병원에 데리고 가서 방사선 사진 촬영을 해 보는 것이 좋습니다.

⑬ 감자나 고구마가 덩어리로 나와요

개는 사람과 같이 살면서 잡식성으로 변화했지만, 해부학적으로는 육식 동물입니다. 따라서 장의 길이가 사람보다 짧습니다.

소화 기능은 입에서부터 시작합니다. 입에서 이빨를 사용하여 음식을 씹으면서 잘게 부수어서 침과 잘 섞는 것이 첫 번째입니다. 이렇게 잘게 부수어진 음식물은 식도를 통해서 위로 내려가고, 위에서는 그 음식물을 소화효소를 사용해서 소화시키기 시작합니다. 이렇게 소화가 된 영양소는 일부분 위에서부터 흡수됩니다. 그리고 대부분의 영양분의 흡수가 일어나는 소장에서는 나머지 영양분을 흡수하고, 대장에서는 수분과 전해질을 흡수합니다.

사람의 이는 음식을 씹어서 작게 부술 수 있는 형태로 되어 있습니다. 하지만 개의 이빨은 고기를 뜯어 먹기 편하게 되어 있습니다. 따라서 개는 딱딱한 음식은 어금니를 사용해서 부수지만, 딱딱하지 않은 음식은 대부분 씹지 않고 그냥 삼킵니다. 그래서 감자나 고구마 같은 음식을 덩어리로 주면 꼭꼭 씹어서 넘기기보다는 한두 번 정도 씹은 후에 그냥 삼키는 것이 대부분입니다.

또한 개의 위는 육식은 잘 소화시키지만, 덩어리가 큰 탄수화물은 잘 소화시킬 수 없습니다. 따라서 위에서 소화되지 않은 고구마나 감자 덩어리는 소장과 대장을 그대로 통과해 대변으로 배출됩니다. 물론 고구마나 감자를 으깨거나 아주 작은 형태로 주면 소화에 문제가 없습니다.

이뿐만 아니라 귤과 같은 과일도 그대로 먹으면 과육이 소화되지 않아서 그대로 배출됩니다.

⑭ 대변에 점액성 있는 물질이 보여요

반려견의 대변이 무르거나 설사일 때는 가끔 대변에서 투명한 점액질의 물질이 보일 때가 있습니다. 이 물질은 투명하고 젤리처럼 보이기도 하는데, 젤리보다는 훨씬 부드러운 느낌을 줍니다. 이러한 점액이 똥에 전체적으로 섞여 있기도 하고, 똥의 마지막 부분에서는 똥과 섞이지 않고 점액질만 보이게 되기도 합니다.

이렇게 대변에 점액성 있는 물질이 보일 때 분홍색 핏기나 붉은 핏자국이 같이 보이는 경우도 있습니다. 대장에 염증이 생기면 대장의 점막에서 이러한 점액 성분을 분비합니다. 따라서 대변에서 점액성 물질이 보이면 대장에 염증이 있는 대장염을 의심해 보아야 합니다.

건강 상태가 양호한 성견의 경우, 대변에서 한 번 정도 점액성 물질이 보이면 한 끼 정도의 절식과 함께 저지방·저단백질의 식이 요법을 실시해 볼 수도 있습니다. 그래도 대장염 증세를 지속해서 보이면 병원 진료를 받아야 합니다. 강아지거나 노령견이면 즉시 동물 병원에서 진료를 받아 다른 장염과의 감별 진단을 하는 것이 좋습니다.

설사

설사란 무엇인가요?

설사는 장내 문제를 말해 주는 대표적인 증상 중의 하나입니다. 특징으로는 대변의 양과 액체 성분의 함량이 증가하거나 대변을 누는 횟수가 늘어나는 것 등을 들 수 있습니다.

설사가 일반적인 대변과 가장 다른 점은 액체 성분이 많다는 것입니다. 대변의 액체 성분이 증가하는 이유는 다음과 같습니다.

어떤 원인 때문에 장내에 액체 성분이 과다 분비되거나 쉽게 들어오는 투과성의 변화가 일어나면 설사를 하게 됩니다. 다른 원인 때문에 장 운동성이 변해 일반적 운동이 항진되는 경우도 있습니다. 그렇게 되면 장에서 액체 성분이 제대로 흡수되지 못해서 설사 증상을 보입니다.

설사는 빈도와 양상에 따라 소장성 설사와 대장성 설사로 나눌 수 있습니다. 소장성 설사는 양이 좀 많고 횟수는 적으면, 일반적으로 체중 감소를 동반하는 경우가 많습니다. 대장성 설사는 상대적으로 양은 적지만 횟수가 좀 더 많고, 투명한 점액 성분이 같이 보입니다. 체중 감소는 일어나지 않는 경우가 많습니다.

또한 설사는 보이는 시기에 따라 급성 설사와 만성 설사로 나눌 수 있습니다. 급성 설사는 전염성 질환, 갑작스러운 식이 변화, 기생충 감염 등으로 생기며, 갑작스럽게 시작합니다. 하지만 만성 설사의 원인은 좀 더 복잡합니다. 일반적으로 설사 증상이 3주 이상 지속하면 만성 설사로 볼 수 있습니다.

만성설사는 소장성설사이거나 대장성설사의 양상입니다. 염증성 장염, 만성적 세균 감염, 췌장이나 간 기능의 부전 시에 보이는 흡수 부전, 종양, 식이 불내성(음식에 대한 거부 반응)이거나 음식에 대한 알레르기, 전신적 대사성 질환이 있을 때도 만성 설사 증세를 동반합니다. 또 종양이 있는 경우에도 만성적인 설사 증세를 보일 수 있습니다.

② 설사할 때 동반되는 증상은 무엇인가요?

설사할 때 동반되는 주요한 증상으로는 위장관 자극으로 말미암은 구토와 체액 손실로 생기는 탈수 등이 있습니다. 좀 더 자세히 설명하자면 위장관계의 이상으로 동반되는 증상은 복부 통증, 저칼륨 혈증으로 말미암은 운동성 감소, 의기소침 등입니다.

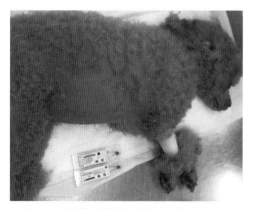

▲ 탈수로 말미암은 저혈량성 증세를 보이는 개

그리고 지속해서 많은 양의 설사를 하면 체액 손실로 말미암아 저혈량성 증세를 보일 수 있습니다. 이때는 창백한 점막, 빠른 심박, 약한 맥박을 보입니다. 대사와 관련해서는 전해질과 산·염기 성분의 불균형, 탈수 그리고 신전성 질소 혈증을 보일 수 있습니다.

어린 강아지는 설사로 말미암은 탈수가 생각보다 빠르게 진행될 수도 있습니다. 이때 영양 공급이 적절하게 되지 않으면 저혈당증이 올 수도 있고, 혼수상태가 될 수도 있습니다.

③ 설사가 심할 때 수분을 보충하는 방법은 무엇인가요?

설사가 24시간 이상 지속되고 상태가 심하다고 생각하면, 집에서 해결하려고 하기보다는 동물 병원에 데리고서 설사의 원인을 파악해야 합니다.

설사의 원인은 매우 다양합니다. 전염성이나 세균성 질환이 아니고 대사적으로 간이나 신장에 문제가 있을 때도 증상이 나타납니다. 설사가 24시간 이상 지속된 것이 아니더라도 설사에 혈액이 섞여 있거나 검은색을 띠거나, 끈적끈적하게 보이면 즉시 동물 병원에서 치료를 받는 것이 좋습니다.

또한 설사하는 개가 탈수가 심하거나 식욕이 없어서 먹지 않는다면 응급 상황이 빨리 올 수도 있습니다. 이러한 증상을 보일 때는 대부분 가벼운 장염보다는 심각한 질병인 경우가 많습니다. 특히 어린 강아지는 갑작스러운 탈수가 발생했을 때 적절한 시간 내에 교정되지 않으면 생명이 위험해질 수도 있습니다.

설사가 심할 때 수분을 보충하는 방법은 개의 상태에 따라 달라집니다.

설사만 있고, 식욕 부진이나 구토와 같은 증상이 없는 상태에서 개의 활력이 좋으면 일부러 따로 수분을 보충해 줄 필요는 없습니다. 평소처럼 물을 먹을 수 있도록 깨끗한 물을 먹기 편한 장소에 놓아 주면 됩니다.

▲ 혈관을 통한 수액 요법을 받고 있는 개

하지만 물을 먹으면 구토하거나 식욕 부진을 보이면 동물 병원서 적절한 치료를 받아야 합니다. 설사와 구토가 함께 있을 때는 체액 손실이 많아져서 탈수 증상이 더욱 심해질 수 있습니다. 즉, 입으로 들어온 음식물이나 물이 자극이 되어서, 들어온 양보다 훨씬 더 많은 양의 체액 성분을 토하게 됩니다. 이럴 때는 탈수가 더 심해져서 입으로는 수분을 섭취할 수 없습니다. 따라서 혈관을 통해 수액 요법을 실시하는 등 탈수를 반드시 교정해야 합니다.

설사하면 굶겨야 하나요?

성견은 구토하지 않고 가벼운 설사 증세를 보이면, 12~24시간 정도 절식해도 괜찮습니다. 주의할 점은 절식할 때도 물은 지속해서 공급해야 한다는 것입니다. 또한 너무 오랜 기간 절식하면 음식 흡수 능력이 도리어 떨어질 수도 있습니다. 절식 후에는 음식을 소화하기 쉬운 형태로 만들어 적은 양을 여러 번에 나누어서 급여하는 것을 추천합니다.

절식 후에는 사료를 바로 주지 말고, 음식물을 소화하기 쉬운 형태로 만들어서 주어야 합니다.

일반적으로 가장 많이 추천하는 음식물은 닭고기 죽입니다. 이것은 껍질을 제거한 닭고기를 쌀과 1:4의 비율로 넣어 내용물이 잠길 만큼 충분히 물을 넣은 후 끓여서 부드럽게 죽처럼 만들면 됩니다. 이런 식이 요법의 목적은 소화가 잘되는 탄수화물과 충분한 수분 섭취를 함께하도록 하는 것입니다. 여기에는 기호성과 영양 균형을 위해 단백질을 포함시킵니다. 이 단백질은 닭고기에 국한된 것은 아니고 기름기가 적은 고기면 됩니다.

음식을 만드는 것이 힘들 때는 설사할 때 먹는 처방식을 조금씩 자주 먹이는 것이 좋습니다. 항진되어 있는 위장관의 운동을 조절하고, 위장관의 흡수 능력을 회복하게 합니다.

이렇게 식이 요법이나 처방식을 통해 정상적인 대변을 보았다 하더라도 바로 이전에 먹던 사료를 바로 주면 안 됩니다. 이때는 식이 요법으로 주었던 음식물이나 처방식과 이제까지 먹었던 사료를 섞어서 먹이는 기간이 필요합니다. 만든 음식물이나 처방식이 3, 이제까지 먹었던 사료는 1의 비율로 하루 정도 먹입니다. 그리고 나서 만든 음식물이나 처방식을 1, 이제까지 먹었던 사료를 1의 비율로 해서 하루나 반나절 정도를 먹입니다. 그다음에는 만든 음식물이나 처방식을 1, 사료를 3의 비율로 해서 줍니다. 이렇게 천천히 이전에 먹었던 사료를 조금씩 늘리는 것이 좋습니다.

하지만 어린 강아지는 한 끼 정도 절식해도 필요한 에너지양이 현저히 부족할 수 있고, 도리어 절식하면 위장관의 소화 능력이 떨어질 수도 있습니다. 따라서 강아지는 구토하지 않는다면, 절식보다는 소화하기 쉽고 수분 함량이 상대적으로 많은 식이 요법으로 소량씩 여러 번 나누어서 먹이는 것이 좋습니다.

⑤
설사를 유발하는 음식은 어떤 게 있나요?

개들이 위장관에서 소화하기 힘들거나, 흡수에 문제를 일으키는 음식들이 설사를 유발합니다.

설사를 일으키는 음식은 개체별로 다를 수 있습니다. 이것은 음식물 알레르기와는 다르며, 식이 불내성이라고 합니다. 다른 개는 먹어도 괜찮은데 우리 개가 먹으면 설사하는 것을 말합니다.

▲ 실온에 음식을 오래 두면 박테리아가 증식하기 쉽고, 개가 보호자 모르게 먹은 경우 설사의 원인이 될 수 있다.

그리고 개에 따라서 락토스가 포함된 음식, 즉 우유, 치즈, 버터와 같은 유제품을 섭취했을 때 설사하기도 합니다. 또 밀가루에 포함된 글루텐 성분 때문에 설사할 수도 있습니다. 빵을 먹어서뿐만 아니라 사료에도 밀이 포함되어 있을 때에 설사를 보이기도 합니다. 밀 뿐만 아니라 모든 곡물에 식이 불내성을 보이는 경우도 있습니다. 그리고 일반적으로 기름기가 많은 고지방 식품은 설사를 일으킬 수 있습니다.

우선 상한 음식은 당연히 설사를 일으킵니다. 가끔 반려견들은 견주 모르게 상한 음식을 먹습니다. 이럴 때 설사하게 됩니다.

그런데 상한 음식 말고도 일반적인 실내 환경에서 적정 시간 이상 실온에 노출된 모든 음식은 박테리아가 과다 증식할 가능성이 늘 있습니다. 이러한 음식을 먹었을 때도 상한 음식을 먹은 것과 비슷하게 설사할 수 있습니다.

구토

① 노란 물을 토해요

특별히 아픈 곳이 없는 건강한 개가 노란 물을 토하면 담즙 역류 증후군으로 볼 수 있습니다.

위 내로 담즙이 역류하면 담즙 때문에 위 점막이 자극되어 노란 색깔을 띤 액체를 토하게 됩니다. 정상적인 위장관 운동과 압력이 유지되면 담즙이 위 내로 역류하지는 않습니다. 따라서 이러한 증상은 위장관 운동이 정상적이지 않을 때 발생합니다.

일반적으로 아침에 사료를 주기 전 새벽이나, 식사와 식사 사이의 공복이 평소보다 길었을 때 노란 물을 토합니다. 이럴 때는 음식물을 섭취하면 더는 토하지 않습니다. 이를테면 반려견이 새벽에 주로 노란 물을 토한다면, 자기 직전에 평소에 먹던 사료의 1/3 정도를 주면 새벽에 노란 물을 토하는 것을 막을 수 있습니다.

이러한 변화를 주었는데도 반려견이 지속해서 노란 물을 토하면, 위염이나 십이지장염으로 위장관의 운동성 변화가 일어나 담즙의 역류가 발생한 것일 수 있습니다. 이럴 때는 약물 처방이 필요합니다.

② 토사물에 털이 섞여 있어요

개는 자신을 핥으면서 소량의 털을 먹을 수도 있고, 다른 개와 놀 때 입으로 들어간 털을 먹을 수도 있습니다. 그래서 가끔 토사물에 털이 있을 수도 있습니다.

▲ 이식증에 걸리면 일반적으로 음식물이 아닌 다른 것도 먹게 된다.

토사물에 섞인 털의 양이 많지 않고 이러한 현상이 일시적으로 일어났다면, 특별히 걱정할 필요는 없습니다. 중요한 점은 반려견이 어떤 이유로 구토했는지, 토사물에 털이 섞인 것이 일시적이지 않고 비교적 정기적으로 일어나는 상황인지 파악하는 것입니다.

비교적 자주 일어나는 현상이라면 음식이 아닌 것들을 먹는 이식증일 수도 있습니다.

아니면 특정 부위에 가려움증이나 자극을 느껴서 지속해서 핥다가 털을 먹는 것은 아닌지를 파악해야 합니다. 이럴 때는 털이 침 때문에 축축할 수 있습니다. 혹은 이미 털이 빠져 있거나 피부가 붉게 염증을 보일 수 있습니다. 이럴 때는 진료를 받아서 원인을 제대로 파악하는 것이 필요합니다.

③

구토할 때 의심할 수 있는 질환은 무엇인가요?

구토는 위장관계와 근육계 그리고 신경계가 모두 함께 작용하는 반사 작용입니다. 구토는 식도에 있던 음식물이 나오는 토출이나 구역질, 기침과 혼동할 수 있습니다.

일반적으로 구토하기 전에는 침을 흘립니다. 그런 후 위 안에 들어 있는 내용물이 복부를 수축시키면서, 토하는 소리와 함께 몸 밖으로 나옵니다. 이때 나온 토사물 대부분은 소화가 되지 않았거나 약간 소화가 된 음식물이거나 노란색 액체입니다.

개는 위 근육의 1/3이 스스로 운동을 제어할 수 있는 수의근으로 되어 있습니다. 그래서 음식을 토해야 하는 상황이면 스스로 구토를 유발할 수 있습니다. 이를테면 야생에서 갯과 동물 어미는 새끼들에게 이유식을 공급해야 하는 시기에 소화가 어느 정도 진행된 음식물을 일부러 토해서 먹입니다. 이런 상황은 병적인 것이 아닙니다. 이외에도 반려견은 과식하거나 사료를 너무 빨리 먹어서 불편하면 그냥 토해 버립니다. 그래서 토하고 난 후에 자기가 구토한 음식물을 먹는 경우도 있습니다. 이럴 때는 지속해서 구토하지는 않습니다.

병적인 상황에서의 구토는 다음과 같습니다. 대뇌의 구토 중추가 자극되고 활성화되어서 음식이나 물이 위 내로 들어가면 실제로 먹은 양보다 더 많이 구토하게 됩니다. 이렇게 위장관 내로 체액의 수분이 이동해서 더 많은 양의 수분을 구토하면 탈수가 더욱 심해집니다. 보통 물을 먹고 바로 구토하면 구토 중추가 자극된 상태라고 의심할 수 있습니다. 이럴 때는 입을 통해서는 음식물을 섭취할 수 없습니다. 따라서 동물 병원에 입원해서 탈수 교정을 위한 수액 요법을 진행해야만 합니다.

구토는 건강한 상태였다가 갑작스럽게 시작된 급성 구토와 평소에 이따금 구토 증상을 보이는 만성 구토로 나눌 수 있습니다.

급성 구토를 할 때는 반려견의 예방 접종 기록과 평소의 병력을 꼭 살펴보아야 합니다. 반려견의 나이가 어리거나 많더라도 예방 접종이 잘 이루어지지 않은 상태라면 전염성 질환을 제일 먼저 감별 진단 해 보아야 합니다.

바이러스 장염인 파보 장염, 개홍역, 코로나 장염에 걸려도 구토할 수 있습니다. 구토 이외에 식욕 부진이나 설사와 같은 증상도 나타납니다. 이러한 바이러스성 전염병은 진단용 키트가 나와 있으므로 키트를 사용하면 진단을 빠르게 할 수 있습니다. 하지만 기본 예방 접종을 하고 있는 어린 강아지는 예방 접종을 실시한지 약 2주 내외라면 키트 검사에서 거짓 양성이 나올 수도 있습니다. 이럴 때는 임상 증세의 경과를 보면서 추가 검사를 해야 할 수도 있습니다.

▲ 파보 장염에 걸린 개는 구토와 설사 등의 증상을 보인다.

세균성 장염에 걸려도 구토와 설사를 보이지만, 바이러스성 장염보다는 임상 증상의 심각성이 덜할 수도 있습니다. 내부 기생충 중증 감염일 때도 구토가 있을 수 있습니다. 이때는 대변에 기생충이 보입니다.

또한 식이적인 문제가 있어도 구토할 수 있습니다. 평소에 먹던 것이 아닌 것을 섭취하거나 소화가 잘 안 되어도 구토합니다. 약물이나 독소에 노출되어도 구토하게 됩니다. 반려견들은 종종 견주가 집에 없을 때 처방받은 약을 정량보다 많이 먹어 버립니다. 가끔 사람이 복용하는 약도 먹습니다. 이렇게 약물을 과다 복용하면 구토를 보이기도 합니다. 또한 독성을 가진 식물이나 살충제, 납이나 아연과 같은 금속을 먹었을 때도 구토를 보입니다.

반려견들은 가끔 견주의 옷에 달려 있는

금속 단추를 먹어서 구토를 일으키기도 합니다. 또 이물을 먹은 후 위장관이 자극되거나 막혀서 구토할 수도 있습니다. 장 중첩일 때는 토사물을 뿜는 것과 같은 토출성 구토를 보일 수 있습니다. 급성 췌장염일 때도 식욕 감소와 구토가 나타납니다.

만성 구토는 구토 증상이 10일 또는 그 이상의 기간 동안에 나타나는 경우를 말합니다. 만성적 염증성 위장관염일 때는 구토와 설사를 반복적으로 보이기도 합니다. 위장관 내에 종양이 있을 때는 종양이 어느 부위에 존재하느냐에 따라 증상이 조금 다릅니다. 주로 구토가 일어나는 경우가 있고, 구토와 설사가 반복적 혹은 단독적으로 만성적인 양상을 띠면서 나타날 수 있습니다.

노령견들은 대사성 질환으로 말미암은 만성 구토를 보이는 경우가 많습니다. 이런 대사성 질환에 의한 구토는 상당 기간 동안 지속적으로 나타나는 경우가 많습니다, 우선 신장 기능이 75% 이상 떨어져서 신부전으로 진행되었으면 요독증이 오게 됩니다. 이렇게 되면 위 점막을 자극해서 만성 구토 증세를 보입니다.

만성 췌장염이나 부신 피질 기능 저하증일 때도 만성 구토를 보이고, 당뇨병을 기저 질환으로 가지고 있으면서 혈당이 조절되지 않는 당뇨성 케톤산증이 발생하면 구토를 보입니다. 간의 기능이 떨어진 간 부전일 때도 구토와 오심 등의 증상을 보입니다.

장염

장염은 어떤 병인가요?

장은 크게 소장과 대장으로 나눌 수 있습니다. 이곳에 염증으로 말미암아 설사 등의 임상 증상이 생기는 것을 통틀어서 장염이라고 합니다.

장염은 증세가 나타나는 기간에 따라 급성 장염과 만성 장염으로 나눌 수 있습니다. 일반적으로 설사 증상이 일주일 넘게 지속되면 만성 장염으로 볼 수 있습니다.

급성 장염이 생기는 원인으로는 세균이나 바이러스와 같은 감염성 원인체에 감염된 경우, 갑작스럽게 먹이 변화가 있는 경우, 소화하는 데 문제가 있는 식품을 먹은 경우, 음식 첨가제를 섭취한 경우, 급성적으로 많은 수의 기생충에 감염된 경우 등이 있습니다.

바이러스성 장염 중 **파보 바이러스 장염**은 빨리 치료해야 하는 질환입니다. 주로 예방 접종 시기에 있는 강아지가 잘 걸리는데 치사율이 높습니다. 파보 바이러스는 소장에 염증을 일으켜서 심한 설사와 구토 증상, 백혈구 감소증을 보입니다.

또 다른 바이러스성 장염으로는 코로나 바이러스에 의한 **코로나 바이러스 장염**이 있습니다. 이 장염 역시 주로 소장에

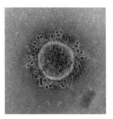

▲ 코로나 바이러스

염증을 일으키지만, 파보 바이러스와는 다른 세포를 공격합니다. 파보 바이러스 장염보다는 치사율이 낮지만, 그래도 적극적인 치료가 필요합니다.

캄필로박터, 살모넬라, 클로스트리디움 등의 세균이 일으키는 세균성 장염도 있습니다. 이외에도 소화 기관계에 기생하는 기생충 감염 때문에 장염이 발생하기도 합니다. 감염성 장염 이외에 내분비적으로 췌장의 기능 부전이 있을 때는 음식물을 적절하게 소화하지 못해서 장염의 양상을 보이게 됩니다. 이는 유전적인 소인이 있고, 주로 성견에서 나타납니다.

▲ 단백질 소실성 장 질환에 걸린 개

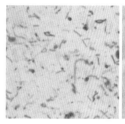
▲ 장염을 일으키는 세균

▲ 췌장의 기능 부전으로 음식물이 소화되지 않은 채 나온 대변

염증성 장 질환은 만성적으로 설사량이 많은 소장성 설사의 양상을 보입니다. 어떤 개는 설사 없이 정상적인 배변을 하지만, 지속해서 체중 감소가 나타나기도 합니다. 이런 염증성 장 질환은 소장이나 대장의 어느 부분에서도 나타날 수 있습니다.

특정 품종에서 나타나는 품종 특이성 장 질환은 주로 설사나 지속적인 체중 감소의 양상을 보입니다. 샤페이나 바센지 같은 품종에서 주로 일어납니다. 또한 단백질 소실성 장 질환으로도 지속적인 설사가

일어납니다. 이 질환은 초기보다 병이 어느 정도 지속된 이후에 설사 증세를 보이게 됩니다.

대장에 염증이 있을 때도 지속적인 설사를 하게 됩니다. 이 질환은 소장에 염증이 있을 때보다는 설사량이 적은 편이고, 상대적으로 배변 횟수가 많을 수도 있습니다.

②
장염에 걸려서
구토하고 열이 나요

장염 증세를 보여 설사를 하는 개가 발열이나 구토의 증상을 보이면 빠른 시간 내에 동물병원에 데리고 가서 적극적인 진료를 받아야만 합니다.

이런 증상이 있다면 우선 체온을 측정해보아야 합니다. 체온계로 39.4℃ 이상인지를 확인하는 것이 가장 정확한 방법입니다. 하지만 일반적으로 개의 체온은 항문을 통해 측정합니다. 견주에게는 이런 측정 방법이 낯설거나 어려울 수도 있고, 집에 적절한 체온계가 없을 수도 있습니다. 주관적으로 열이 나는지를 판단하려면 반려견의 **몸통**보다는 말단, 즉 귀 같은 곳을 만져 보아서 평소와 다른지 확인해야 합니다.

발열은 일반적으로 식욕 부진, 기력 저하, 우울감, 탈수, 구토 등의 증상을 동반합니다. 체온이 39.4℃ 이상이면 주의 깊게 지켜보아야 하고, 체온이 41℃ 이상이면 내부 장기에 손상을 일으켜 치명적일 수도 있으므로 빨리 체온을 떨어뜨려야 합니다.

발열은 병원체와 몸의 면역 기전이 매우 심각한 전투를 벌이는 것입니다. 이러한 발열의 원인은 주로 세균성 감염과 바이러스성 감염 때문이라고 할 수 있습니다. 장염이 동반된 발열은 단순한 식이성 문제가 아니라 감염성 질환일 확률이 높고, 병의 경과가 더 심각할 수 있습니다.

설사하면서 구토를 동반하는 증상을 위장관염이라고 합니다. 위장관염은 반려견을 키우면서 가장 많이 대하는 질환입니다. 장에 염증이 생기면 위장관계의 운동성에 영향을 미치게 됩니다. 따라서 장에만 염증이 있어도 위의 운동성이 영향을 받아 구토할 수 있습니다.

만약 사료나 간식과 같은 음식물이 아니라 물만 먹은 후에도 즉시 구토한다면 동물병원에 가야 합니다. 이러한 증상은 탈수를 더욱 심하게 할 수 있으므로 적극적인 치료가 필요합니다.

③
파보 장염이 뭐예요?

파보 장염은 파보 바이러스가 일으키는 심각한 질병입니다. 매우 치사율이 높은 질병으로, 주요 임상 증상은 식욕 부진, 구토, 설사 그리고 체중 감소입니다. 심하면 패혈증, 내독소혈증, 급성 호흡기 스트레스 증후군 등을 일으키기도 합니다. 파보 장염은 예방 접종을 시작하기 전에 감염되는 경우가 많지만, 파보 바이러스에 대한 항체가 없다면 성견도 걸릴 수 있습니다.

파보 바이러스 감염은 주로 대변을 통해 이루어집니다. 즉, 파보 바이러스에 감염된 개가 대변으로 배출한 파보 바이러스가 다른 개의 입으로 들어가면 그 개는 감염됩니다. 이때 대변을 직접 먹는 것보다

▲ 파보 바이러스의 구조

는 다른 경로를 통한 감염이 훨씬 더 빈번하게 이루어집니다. 이를테면 파보 바이러스에 감염된 개의 대변이 있었던 장소를 다녔다든지, 파보 바이러스를 배출 중인 개를 사람이 만지고 나서 다른 개를 만지는 것 등으

로도 전염이 이루어질 수 있습니다. 이뿐만 아니라 파보 바이러스가 있는 장소에서 신발을 신고 걸어다닌 후, 개가 그 신발을 가지고 놀거나 사람이 그 신발을 만졌다가 개를 만져도 전염될 수 있습니다. 이렇듯 파보 바이러스는 바이러스 임에도 외부 환경에서의 생존율이 높은 편입니다.

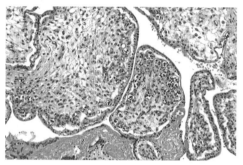

▲ 파보 바이러스의 영향으로 장상피가 파괴되면 장내 세균, 내독소, 기타 바이러스 등이 침투하게 된다.

따라서 반려견이 생활하는 곳을 깨끗하게 유지해야 하고, 반려견에게 접촉하는 사람들의 청결 또한 유지해야 합니다. 또 평소에 반려견에게 영양제를 먹여서 면역력을 증진시키는 것도 좋은 방법입니다.

파보 장염의 잠복기는 7~14일입니다. 임상 증상은 감염 후 약 6~10일경에 나타나기 시작합니다. 가장 영향을 받는 장기는 소화 기계지만 순환기, 간, 담 등도 영향을 받습니다.

초기에는 기운이 없어서 잘 놀지 않고, 우울해 보이기도 합니다. 그러다가 구토와 함께 혈액이 섞인 피설사를 합니다. 이렇게 되면 탈수가 급격히 진행되어 저혈량 쇼크가 올 수도 있습니다. 파보 바이러스와 싸우기 위해서는 장관 내에 백혈구가 이동해서 백혈구 감소증을 보입니다. 파보 바이러스 감염이 심장 쪽으로 진행되면 급성 심근염을 일으킬 수도 있습니다. 이럴 때는 아주 빠르게 사망에 이르기도 합니다.

파보 장염은 동물 병원에서 진단용 키트와 혈액 검사를 통해 진단할 수 있습니다. 어린 강아지가 식욕 부진이나 구토, 설사

▲ 파보 장염 양성 진단 키트

등의 증세를 보이면 빨리 진단하는 것이 생존율을 높이는 데 도움을 줍니다.

파보 장염은 수액 치료를 시작으로 집중적인 입원 치료가 필요한 질병입니다. 임상 증상에 따라 많은 약물의 투여가 필요하기도 하고, 때에 따라서는 고면역 혈장 수액 요법을 써야 합니다.

반려견이 파보 장염에 걸렸다면 집 안에 있는 파보 바이러스를 없애기 위해 반드시

소독해야 합니다. 파보 바이러스는 다른 바이러스와는 달리 외부 환경에서도 생존율이 높아서 일반 소독제로는 제대로 박멸되지 않습니다. 따라서 락스를 물에 1 : 30의 비율로 희석해서 꼼꼼히 청소해야 합니다.

그리고 예방 접종으로 만들어진 항체는 파보 바이러스 감염을 100% 막을 수는 없습니다. 따라서 접종을 하고 있거나 접종이 끝났더라도 어린 강아지라면 파보 바이러스 감염의 위험이 있는 곳으로부터 격리하는 것이 좋습니다.

④
식중독이란 어떤 병인가요?

식중독은 상한 음식을 먹어서 발생합니다. 반려견은 혼자 있을때 쓰레기통을 뒤지거나 식탁 위에 오래 놓아 둔 음식물을 먹어서 종종 식중독에 걸립니다.

음식은 상온에 오래 노출되면 세균에 의해 부패합니다. 이런 부패에 연관된 세균으로는 황색포도상구균, 대장균, 살모넬라, 클로스트리디움 등이 있습니다. 이렇게 상한 음식을 먹으면 당연히 탈이 나게 됩니다.

부패한 냄새가 나기 전의 음식을 먹은 경우에도 식중독이 발생할 수 있습니다. 음

▲ 쓰레기통을 뒤져서 상한 음식을 먹고는 식중독에 걸리기도 한다.

식이 부패하기 이전에는 세균이 기하급수적으로 늘어나게 됩니다. 이때 세균이 만들어 내는 독소나 죽은 세균의 독소에 의해 식중독이 일어납니다.

이렇게 부패한 음식이나 부패가 진행 중인 음식을 먹은 후에 이상 증상이 나타나는 시점은 먹은 지 약 3시간 이후부터입니다.

식중독에 걸리면 주로 설사나 구토와 같은 위장관계 이상 증상을 보입니다. 구토와 설사의 양이 많으면 탈수에 빠질 수 있습니다. 그리고 독소에 의한 식중독일 때는 침울, 저혈압, 저체온증이나 고체온증, 소변 생산량의 감소와 같은 내독소성 쇼크 상태를 보이기도 합니다.

따라서 상한 음식을 먹은 후 이상 증상이 나타나면, 그 증상에 따라 항생제, 수액 요법, 항구토제 등의 적절한 처치가 필요하므로 동물 병원에 가야 합니다.

3장

호흡기

① 콧물에는 어떤 종류가 있나요?

콧물은 비강과 부비동에 염증이 있을 때 제일 흔하게 보이는 임상 증상입니다. 일반적으로 콧물은 네 가지 종류로 구분할 수 있습니다.

첫 번째는 투명한 장액성 콧물입니다. 두 번째는 투명도가 좀 떨어져서 희고 뿌연 양상을 보이는 점액성 콧물입니다. 세 번째는 희고 뿌옇지만 점도가 좀 더 증가한 점액 화농성의 콧물이고, 네 번째는 누구나 바로 구별할 수 있는 노란 화농성의 콧물입니다.

감염이나 염증 초기 단계에서는 비강 내의 세포가 분비물 생성을 증가시켜서 콧물이 많이 나오게 만듭니다. 이외에도 비강의 점막이 많이 손상되면, 점액성 콧물에 피가 섞여서 나올 수도 있습니다.

② 개도 축농증에 걸리나요?

축농증의 정확한 병명은 부비동염입니다. 부비동은 코의 주변에 있습니다. 비염이 오래되거나 심해지면 부비동에까지 염증이 생깁니다.

비강과 부비동은 연결되어 있어서 비염과 부비동염이 동시에 걸릴 수도 있습니다. 또한 부비동염에 걸리면 누관에도 염증이 생겨서 평소보다 눈물이 더 나는 유루증을 보일 수도 있습니다.

부비동염은 대부분 세균 감염 때문에 생기지만, 가끔 바이러스나 곰팡이 감염 때문에 발생하기도 하고 종양이 원인인 경우도 있습니다. 부비동염은 경과에 따라 급성과 만성으로 나눌 수 있습니다. 만성인 경우에는 조절할 수는 있지만 완벽히 없애기는 힘듭니다.

▲ 부비동의 염증으로 말미암아 눈물을 흘리고 있는 개

③ 코가 건조해요

보통 개 코는 촉촉하거나 건조한데 둘 다 정상적이고 건강한 상태입니다. 개 코가 촉촉한 이유는 코 주위에 있는 두 개의 분비선에서 지속해서 분비물이 나오기 때문입니다. 하지만 늘 균일한 촉촉함을 유지하는 것은 아닙니다. 물기가 많은 촉촉한 코였다가 살짝 건조해지기도 합니다.

개 코가 윤기가 나면서 촉촉하면 냄새를 더 잘 맡을 수 있습니다. 공기 중에 있는 냄새를 띠는 분자를 잘 흡착하기 때문입니다.

▲ 촉촉하고 건강한 개 코

하지만 건강할 때 코가 건조할 수도 있습니다. 이를테면 잠에서 깨어난 직후나 여름에 햇볕을 많이 쬔 직후, 겨울에 난로 옆에 있을 때는 건강한 개도 코가 건조할 수 있습니다. 코의 점막의 촉촉한 정도는 날씨, 습기, 시기 등의 영향을 받습니다.

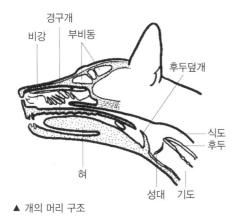
▲ 개의 머리 구조

열이 나면 코가 건조해지므로 반려견의 코가 평소와는 다르게 건조하면서 다른 임

상 증상을 보이면 열이 있는지를 체크해 보아야 합니다. 또한 알레르기가 있거나 탈수된 경우에도 코가 건조할 수 있습니다.

숨 쉴 때마다 숨소리가 거칠어요

숨 쉴 때마다 숨소리가 거칠다면 우선 들이마시거나 내쉴 때 그러는지, 아니면 항상 그러는지 잘 살펴보아야 합니다. 일시적으로 기관지나 폐에 염증이 생기면 당연히 평소와 숨 쉬는 것이 다릅니다. 상부 기관지에 문제가 있으면 들이마실 때 상대적으로 시간이 길고, 하부 기관지나 폐에 염증이 있으면 약간 길게 내쉽니다. 평소보다 크게 항진된 숨소리를 낼 때는 상하부 기관지, 폐, 심장의 문제를 동시에 고려해야 합니다. 또한 반려견의 나이와 과거 병력도 함께 고려해야 합니다.

누워 있어도 숨소리가 거칠어요

누워서 쉬고 있는데도 숨소리가 거칠게

느껴진다면, 숨을 쉴 때 배가 많이 오르락내리락하는 것과 함께 호흡 빈도에 맞춰 콧구멍도 커지는 노력성 호흡인지를 확인해 보아야 합니다.

호흡하기 위해서는 횡격막이 움직여야만 합니다. 그런데 노력성 호흡을 할 때는 횡격막이 현저히 많이 움직이고, 콧구멍도 양쪽 끝이 펄럭이듯이 움직입니다. 그러면서 호흡수도 평소보다 많아집니다. 이러한 노력성 호흡의 원인은 기관지, 폐, 심장, 종격동, 횡격막 등에 문제가 있어서입니다. 하지만 노력성 호흡의 원인은 단순하지 않을 수도 있으므로 정확한 원인을 파악하는 것이 필요합니다.

또한 누워서 편히 있는데도 숨소리가 거칠다면, 호흡기나 심혈관계와 연관된 과거 병력이 있었는지도 살펴보아야 합니다. 이와 같은 경우, 동물병원에 내원해서 방사선 촬영부터 필요한 검사를 실시하여 원인을 파악하는 것이 좋습니다.

⑥ 구토인가요? 기침인가요?

구토는 위의 음식물이나 액체 성분이 어느 정도 몸 밖으로 나오는 것입니다. 구토한 후에는 침을 흘리기도 합니다.

구토는 내용물이 보이므로 구토와 기침은 혼동되지 않습니다. 하지만 아무것도 입 밖으로 나오지 않는데, 횡격막이 위아래로 움직이면서 "칵" 하고 소리를 낼 때는 구토하는 것으로 생각할 수도 있습니다. 보호자들이 종종 목에 무엇이 걸린 것 같다고 표현하기도 합니다. 기관지에 염증으로 말미암은 가래 등이 있어서 점막이 자극되어 있을 때도 이와 비슷한 행동을 합니다. 이러한 행동은 구토가 아니라 소리만 나는 기침입니다. 간혹 아주 소량의 흰색 거품이 나오기도 합니다.

▲ 반려견이 기침하면 소리만 나는 것인지 점액질의 성분을 뱉는 것인지 살펴보아야 한다.

개가 기침할 때는 점막의 점도가 높아지면서 세균이 섞인 점액질 성분을 같이 내보

내기도 합니다. 이런 가래를 뱉는 기침을 할 때는 상부 호흡기계의 감염이 어느 정도 진행된 것이므로 동물 병원에서 진료를 받아야 합니다.

⑦ 기침에 대해 알아야 할 것은 무엇인가요?

기침은 연속성을 가지면서 갑자기 하게 되는 방어적 반사입니다. 일반적으로 상부 기도의 과도한 점막 분비, 점막 자극, 기도로 들어온 외부 입자나 미생물에 대한 반응으로서 상부 호흡 기도를 깨끗하게 하려는 반사입니다. 기관지 점막에는 섬모들이 있는데, 점막에 점액이 과도하게 분비되거나 점막에 이물감이 있으면 점막을 깨끗이 청소하기 위해 기침을 합니다.

기침 반사는 세 단계로 이어집니다. 첫 번째 단계는 숨을 들이마시고, 두 번째 단계는 후두덮개가 닫힌 상태에서 노력성으로 숨을 내쉬고, 세 번째 단계는 후두덮개가 열리는 것과 동시에 폐에 있던 공기를 폭발적으로 내쉬는 것입니다. 이때 대부분 기침 소리를 함께 내게 됩니다.

기침은 자발적이거나 의식하지 않은 비자발적인 상태로 할 수 있습니다. 개는 대부분 비자발적인 상태로 기침합니다. 건강한 개도 가끔은 기침할 수 있습니다. 하지만 기침을 지속해서 많이 하거나 멈출 수 없다면 진료를 받아야 합니다.

▲ 건강한 반려견도 공기가 건조하면 기침이 심해지기도 한다.

기침은 호흡기계와 가장 연관이 많은 임상 증상입니다. 인·후두, 기관지, 상부 호흡기계, 폐에 해당하는 하부 호흡기계에 염증이 있거나, 기관지의 내경이 좁아진 기관 허탈이 있어도 매우 특징적인 기침을 합니다.

몸의 어느 곳에 이상이 있느냐에 따라 기침을 하는 양상이 조금씩 다를 수 있습니다.

순환기계 질환이 원인인 기침도 있습니다. 우심부전이나 심비대가 있을 때도 기침합니다. 특히 심장 질환이 있을 때는 주로 쉬고 난 다음에 기침을 많이 하고, 새벽녘에 기침이 더 심해집니다.

기침은 소리나 양상에 따라 건성 기침, 습성 기침, 거위 울음소리 같은 기침, 짧으면서 연속해서 하는 기침, 쉿소리가 나는 기침 등으로 나누기도 합니다.

기관 허탈의 경우, 홍분하면 기침이 더 심해지고, 거위가 우는 것과 비슷한 기침 소리를 내게 됩니다. 기관지나 세기관지(기관지가 더 작은 가지로 갈라진 관)에 문제가 있으면, 복부가 올라갔다 내려갔다 하면서 쉿소리가 나는 기침을 합니다. 또 기침 소리는 약한 듯하지만 마른기침이 수분기를 동반한 습성 기침은 주로 폐렴에서 나타납니다. 이 기침은 공기가 통하는 길인 기관지와 폐에 액체 성분, 즉 수분, 농, 혈액이 있을 때 발생합니다.

상부 호흡기계는 인·후두부에서부터 기관지까지를 말합니다. 상부 호흡기계 기침 증후군은 염증이나 감염 등 여러 가지 원인에 의해 기침하게 되는 증상입니다. 인두 부위에 염증, 마비, 종양, 육아종(육아 조직을 형성하는 염증성 종양)이 있어도 기침하게 됩니

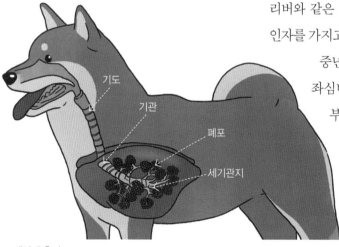

▲ 개의 호흡기

다. 또한 기관지에는 염증, 감염, 이물, 허탈, 협착, 종양 등이 생기면 기침합니다.

하부 호흡기계는 세기관지에서 폐포까지를 말합니다. 염증, 개홍역이나 켄넬코프와 같은 바이러스나 세균에 의한 감염, 원발성 종양이나 다른 곳의 종양이 폐로 전이된 속발성 종양, 외상이나 화학 물질에 의한 폐의 손상, 원인을 알 수 없는 폐섬유화증으로도 기침합니다.

호흡기계 질환은 품종 특이성이 있기도 합니다. 기관 허탈은 소형 견종에서, 폐섬유화증은 테리어 품종에서 종종 나타납니다. 허스키, 로트바일러, 래브라도 레트리버, 잭 러셀 테리어 등은 호산구성 폐기관지증의 위험 요인이 있습니다. 초대형 견종은 확장성 심근증의 위험 인자가 있고, 래브라도 레트리버와 같은 대형 견종은 후두 마비의 위험 인자를 가지고 있습니다.

중년 이상의 개에게 순환기계, 즉 좌심비대의 심장 질환이 있으면 폐부종으로 건성 기침을 합니다. 심기저부에 종양이 있어도 마찬가지입니다.

기침이 심할 때는
어떻게 해야 하나요?

반려견의 기침이 심하면 동물 병원에 데리고 가서 기침의 원인을 파악해야 합니다. 진단에 따라 적절한 약물과 보조 요법으로 증상을 완화할 수 있습니다.

감염이나 염증 등의 자극에 의해 기관지 점막은 끈끈해져 있고, 기관지의 점막에 있는 섬모의 운동성이 현저히 떨어져 있기 쉽습니다. 가정에서 반려견의 기침이 심할 때는 건조한 점막을 습윤하게 해 주어야 합니다. 그러기 위해서는 가습기를 이용해서 실내 전체의 습도를 높여 주는 것이 좋습니다. 일반적으로 가장 손쉬운 방법입니다. 이외에도 가족이 목욕하는 동안에 반려견을 욕실에 데리고 있는 것도 좋은 방법입니다.

▲ 기침이 심한 반려견은 외출할 때 하네스를 착용하는 게 좋다.

또한 목줄을 하고 있다면 목줄은 풀어 주는 것이 좋습니다. 목줄 때문에 인·후두부가 자극되면 기침을 더 할 수도 있습니다. 따라서 외출할 때도 목줄 대신에 하네스를 선택하는 것이 좋습니다.

⑨

천식은 어떤 병인가요?

천식의 주요 증상은 숨 쉬기를 힘들어하는 호흡 곤란입니다. 천식은 갑자기 또는 만성적으로 공기가 지나가는 길인 기도에 염증이 생기는 것을 말합니다. 여러 가지 자극으로 기도 반응의 정도가 다르게 나타나지만, 일반적으로 기도에 있는 평활근이 수축해 기도가 좁아지는 형태를 보입니다.

사람과 마찬가지로 개도 천식을 앓을 수 있는데, 개가 걸리는 천식은 대부분 알레르기성 기관지염입니다. 노령견뿐만 아니라 어리거나 중년인 개에게도 많이 발생합니다. 천식의 원인은 대부분 환경 내에 존재하는 알레르기 때문입니다. 천식을 앓고 있는 개는 기도에 염증이 있고, 이 염증 때문에 기도가 부종 상태이며, 기도를 자극하는 원인체에 매우 민감한 상태입니다.

기도의 구조는 관 모양입니다. 이 관을

통해 공기가 폐로 이동합니다. 그래서 특정 원인체를 흡입하면 기도가 매우 격렬하게 반응하게 됩니다. 이렇게 되면 우선 기도의 평활근이 수축해서 기도의 내강이 좁아지고, 폐로 가는 공기의 양이 적어집니다. 부종이 더 심해지면 기도가 더 좁아지게 됩니다. 또한 기도 안에 있는 세포의 점액 성분이 더 끈적거려서 기도를 더 좁게 만듭니다. 이런 연속적인 반응이 천식을 일으킵니다. 천식이 생기면 호흡이 빨라지고, 공기의 양이 부족해서 횡격막이 많이 움직이는 노력성 호흡을 하게 됩니다.

천식의 증상이 가벼울 때는 호흡을 힘들어하고, 심할 때는 매우 심한 호흡 곤란을 보일 수 있습니다. 증상이 심하지 않을 때는 안정을 취하면 저절로 낫거나 최소한의 약물만으로 좋아지기도 합니다.

일반적인 천식의 증상은 쉿소리가 나는 빠른 호흡, 기침, 숨 쉬기 힘들어하는 호흡 곤란입니다.

증상이 아주 심해지면 천식 발작으로 진행됩니다. 이 경우에는 입을 벌린 채로 호흡하고, 구강 점막이 산소 부족으로 말미암아 푸른색을 띨 수도 있습니다. 이런 천식 발작은 응급 상태이므로 동물 병원에 즉시 데리고 가서 적극적으로 치료해야 합니다.

⑩
천식 치료는 어떻게 하나요?

천식 치료의 시작은 천식을 앓는 개를 천식을 일으키는 환경에서 다른 곳으로 옮기거나, 자극의 원인을 제거하는 것입니다. 하지만 이러한 방법은 불가능할 때도 있어서 선별적인 선택을 할 수밖에 없습니다. 천식의 증상에 따라 필요한 약물을 투여하는 내과적인 치료가 동반되기도 합니다.

만약 개가 비만하다면 체중 조절을 꼭 해야 합니다. 비만한 개는 과도한 체중으로 말미암아 늘어난 산소 요구량 때문에 노력성 호흡을 합니다. 하지만 기관지 주위에도 지방이 늘어나서 호흡이 더 힘들 수도 있습니다. 비만한 개가 적절한 체중으로 체중 감량을 한다면, 그것만으로도 호흡이 현저하게 좋아질 수 있습니다.

급성 천식 발작이 왔을 때는 동물 병원에 입원해서 최대한 빨리 치료를 시작해야 합니다. 정상적인 호흡을 위해서는 산소 공급을 통해 호흡하는 노력을 최대한 경감해 주어야 합니다. 그러면서 필요한 약물을 투여해야 합니다. 심한 급성 천식 발작에는 진정제 등을 사용해야 하는 경우가 많습니다. 약물을 효과적으로 투여하기 위해 혈관 투여를 선택할 수도 있습니다. 호흡이 안정적으로 바뀐 후에도 움직임이나 자극을 최소화하는 것이 좋습니다.

견주가 꼭 알아야 할 사항도 있습니다. 대부분 천식은 만성적이고 진행적인 형태를 띠고 있다는 것입니다. 만성적이라는 말은 이미 상당 기간 질환을 가지고 있었다는 것을 의미합니다. 이렇게 상당 기간 동안 병이 진행된 경우에는 장기의 형태나 기능이 변했을 가능성이 매우 높습니다. 진행적이라는 말은 병이 생기기 이전의 상태로 되돌릴 수 없는 것을 의미합니다. 병의 진행 속도가 느려질 수는 있지만, 대부분 병의 진행이 멈추지는 않습니다.

천식의 증세가 완화되었거나 거의 없는 것처럼 보이더라도 내과적인 약물 치료를 끊으면 안 됩니다. 증상이 나타나지 않는 준임상적인 염증이 진행되는 경우가 많기 때문입니다.

천식은 대부분 평생 약물을 복용해야 하고, 자극의 원인이 없는 환경의 변화가 필요합니다.

Tip

기침하는데 심장병이라고요?

8세 이상의 노령견이 만성 기침을 한다면 반드시 흉부 엑스레이와 혈압 검사, 그리고 심장 초음파 검사를 해보아야 합니다. 이럴 때는 기관지나 폐의 문제가 아니라 심장 이상인 경우가 많기 때문입니다.

견주를 보거나 밥을 먹기 전에 보채거나 흥분했을 때, 운동 전후, 혹은 늦은 밤에 기침이 잦다면 심장에 기인한 심인성 기침인 경우가 많습니다. 심장의 판막이나 혈압 등 심혈관계의 문제로 심장이 비대해지고, 비대해진 심장이 기관지의 저부를 압박해서 기침이 나오는 것입니다.

동물 병원에서 확진을 받아도 사람이 심장 수술을 받는 것과 같은 조처를 할 수는 없습니다. 하지만 요즘에는 좋은 약이 많으므로 약만 잘 먹이면 오랫동안 건강하게 지낼 수 있습니다.

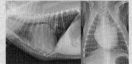

▲ 정상적인 심장

▲ 비대해진 심장

▲ 급성 천식 발작이 왔을 때는 산소 공급을 통해 호흡하는 노력을 줄여 주어야 한다.

4장

안과

① 눈곱은 모두 더러운가요?

눈곱은 눈물 속에 있었던 지질 성분, 세포 찌꺼기, 섬유소 그리고 먼지 등이 서로 엉켜서 만들어진 덩어리입니다. 색깔은 투명한 흰색, 회색 또는 검은색이 가장 흔합니다.

피부처럼 눈의 표피 세포도 수명을 다하면 각질처럼 떨어져 나옵니다. 잠을 자는 동안에는 눈을 깜박이지 않아서 눈의 앞쪽에 혼합된 덩어리가 차곡차곡 쌓여 눈곱이 끼어 있는 것입니다. 이런 눈곱은 더러운 게 아닙니다.

반려견의 눈곱을 떼어 줄 때는 손을 사용하는 것보다는 인공 눈물처럼 눈에 해가 없는 액체 성분으로 눈곱을 부드럽게 만든 후 떼어 주는 것이 좋습니다. 이때 위쪽 눈꺼풀을 부드럽게 살짝 눌러 눈을 감게 한 후 떼어 내는 것이 안전합니다. **마른 눈곱을 억지로 떼어 내려고 하면 눈 밑의 털도 함께 뽑힐 수 있으므로 주의해야 합니다.** 개는 지속해서 털이 뽑히면 털이 다시 나기까지 오랜 시간이 걸릴 수도 있습니다.

여러 가지 원인으로 눈에 염증이 생기면 노란 눈곱이 갑자기 생깁니다. 노란 눈곱은 일반적인 눈곱에 백혈구, 박테리아, 항체 등의 성분이 더 들어 있는 것입니다. 노란 눈곱이 생겼을 때는 결막이 부어 있거나 눈을 찡그리거나 눈물을 흘리는 것과 같은 임상 증상을 동반합니다. 이러한 노란 눈곱은 전염성이 있을 수 있습니다.

② 눈곱으로 알 수 있는 것은 무엇인가요?

눈곱에는 몇 가지 유형이 있습니다. 우선 자고 난 후 눈 밑에 보이는 투명한 흰색, 회색, 검은색의 눈곱은 가장 일반적으로 볼 수 있는 눈곱입니다. 눈물과 여러 다른 성분으로 만들어진 찌꺼기로 정상적입니다.

투명한 눈곱은 눈물량이 일시적으로 부족할 때 생깁니다. 이 눈곱이 어쩌다가 보이는 정도라면 괜찮지만, 지속해서 보인다면 눈물량의 분비가 정상인지 알아볼 필요가 있습니다.

문제가 되는 눈곱은 눈에 염증이 있을 때 가장 흔하게 보이는 **흰 점액 성분 눈곱과 노란색의 화농성 눈곱**입니다. 이런 눈곱에는 정상적인 눈곱에 들어 있는 성분 이외에도 감염과 싸울 때 들어 있는 여러 성분이 포함되어 있어 눈곱의 색이 불투명하거나 노란 것입니다. 양도 다른 눈곱보다 많습니다.

▲ 불투명한 흰색을 띠는 점액성의 눈곱

눈곱의 성분인 눈물에는 눈이 건조하지 않게 해 주는 윤활 성분만 있는 것이 아니라 감염과 싸우는 항체도 들어 있습니다. 따라서 눈곱의 양이 많다면 치열하게 병과 싸우고 있는 중이라는 의미입니다.

바이러스나 세균 감염에는 적절한 안약이나 안연고를 투여하는 내과적 처치가 꼭 필요합니다. 경우에 따라서는 전신 약물을 투여해야 할 수도 있습니다.

이외에도 자고 일어나면 눈 뜨기가 힘들 정도로 눈곱의 양이 많으면서 만성적으로 노란 점액성의 눈곱을 보이는 경우가 있습니다. 이럴 때는 눈물량이 부족한 상태에서 감염이 진행되는 건성 각결막염을 의심해

볼 수 있습니다. 이 질병은 적극적으로 안과 진료를 해야 합니다.

③
눈에 눈곱이 많이 껴요

눈곱이 갑자기 많이 끼기 시작했다면 질병의 진행을 말해주는 신호입니다. 이때에는 눈곱이 많이 끼는 것과 함께 눈물을 흘리거나 눈을 찡긋거리는 것과 같은 다른 이차적인 증상도 함께 동반됩니다. 이때 갑자기 많이 끼기 시작한 눈곱이 어떤 유형의 눈곱인지 구별해야 합니다. 정상적인 눈곱인 흰색, 회색, 검은색의 눈곱은 많이 끼더라도 눈의 다른 이상을 동반하지 않는다면 특별히 다른 처치나 검사가 필요하지 않습니다.

하지만 다른 형태의 눈곱, 즉 불투명한 흰색을 띠는 점액성의 눈곱이나 노란색의 화농성 눈곱은 염증이 의심되므로 진료가 필요합니다. 원인은 세균성, 바이러스성 등으로 다양합니다. 그리고 병이 생긴 부위도 결막, 각막, 공막, 포도막 등 각각 다를 수 있습니다. 그래서 동물병원에 가서 진료를 받아야 합니다. 원인에 따라 치료하는 약물도 다르기 때문에 적절한 치료를 위해 검사가 꼭 진행되어야 할 수도 있습니다.

눈의 염증을 치료하기 위해서는 안약이나 안연고를 처방합니다. 때로는 한 개 이상의 안약을 처방하기도 합니다. 한 개 이상의 안약을 투여할 때는 10분 정도의 간격을 두어야 합니다. 약물이 흡수되는 시간이 필요하기 때문입니다. 안약과 안연고가 같이 처방되었다면 안연고를 맨 마지막에 넣어야 합니다. 안연고를 먼저 넣고 그다음에 안약을 넣으면 안연고의 성분이 안약의 흡수를 방해하기 때문입니다.

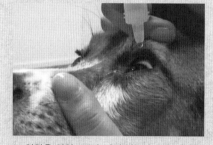

▲ 안약은 안연고보다 먼저 넣는다.

④
눈물을 흘려요

정상적인 눈물은 각막을 건강하게 유지하는 데 매우 중요합니다. 눈물은 혈관 분포가 없는 투명한 조직인 각막에 영양을 공급하고 찌꺼기를 없애 줍니다.

눈물층은 세 개의 층으로 구성되어 있습니다. 맨 바깥층인 지질층은 눈물의 과도한 증발을 막아 주고, 중간층은 수성층, 안쪽은 점액층으로 되어 있습니다.

반려견이 눈물을 흘리면, 갑자기 발생한 증상인지 지속해서 있었던 증상인지 파악해야 합니다.

갑자기 눈꺼풀이 떨리면서 눈이 부신 것처럼 눈을 찡그리고 눈물을 흘리는 증상은 통증이 있어서 발생합니다. 급성 감염에 의한 염증이거나 각막에 궤양이 발생했을 때는 통증을 많이 호소합니다. 이러한 통증은 각막염, 결막염, 녹내장, 전안방의 포도막염 등의 염증이 있을 때 생깁니다. 이런 질병은 만성의 경과를 갖는 경우도 있지만 갑자기 급성으로 오기도 합니다. 이럴 때는 갑자기 눈물을 흘리게 됩니다.

또 다른 이유로는 지속적인 자극으로 말미암은 이차적인 반응으로 눈물을 흘릴 수 있습니다. 그중 하나는 속눈썹 질환입니다. 개는 눈의 위쪽 눈꺼풀에 속눈썹이 나 있습니다. 속눈썹이 바깥이 아니라 각막 쪽으로 난 경우를 **첩모난생**이라고 합니다. 이때는 한 개 또는 여러 개의 속눈썹이 각막을 자극해 눈물을 흘리게 됩니다.

속눈썹이 우연히 결막에 있는 메이보미

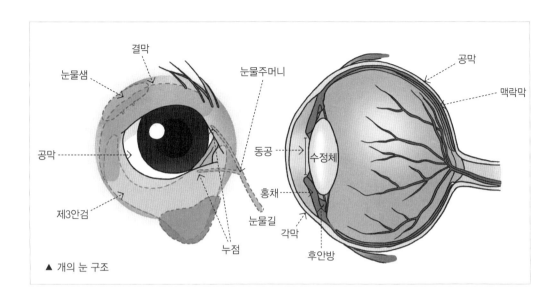

▲ 개의 눈 구조

안샘(지방샘)에서 자라 나와 각막 표면으로 향하거나, 정상적으로 코나 눈 아래 에 난 털이 각막 쪽으로 향하는 것을 **첩모중생**이라고 합니다. 이는 코가 낮은 품종인 시추나 페키니즈 등에서 많이 볼 수 있습니다.

이러한 증상을 치료하려면 문제가 되는 속눈썹을 없애야 합니다. 이때 단순히 속눈썹만 없애는 것이 아니라 모근까지 없애야 합니다. 얼굴의 털이 문제가 될 때는 외과적 수술법으로 교정할 수 있습니다.

그리고 위의 경우와는 다르게 눈물의 생산량 증가가 원인이 아니고, 눈물이 흘러나가는 통로의 이상으로 인해 눈물이 정상적인 통로로 **빠져**나가지 못하고 눈 밖으로 넘쳐흐르는 경우가 있습니다.

눈물은 제3안검과 눈 위쪽에 있는 눈물샘에서 생성됩니다. 각막으로 들어온 눈물은 늘 고여 있는 것이

▲ 유루증 때문에 눈 밑이 축축해진 개

아니라, 일정량은 증발되고 나머지는 두 개의 누점을 통해 비강으로 흘러내려 갑니다. 누점에서 비강까지 눈물이 흘러가는 길을 눈물길이라고 합니다. 선천적인 이유로 눈물길이 막혀 있거나 좁아져 있으면 눈물이 눈 바깥으로 넘쳐흘러서 눈 밑이 축축해집니다. 이러한 증상을 유루증이라고 합니다. 유루증은 어떤 자극에 의해 눈물 생산이 늘어나기도 합니다.

특히 푸들이나 몰티즈 같은 흰색 털을 가지고 있어서 유루증에 걸리면 눈에 더 잘 띄게 됩니다. 또한 유루증은 시추나 페키니즈처럼 코가 낮은 품종에서도 자주 보입니다.

⑤ 눈을 자주 깜박거려요

반려견이 눈을 늘 깜박거리면 눈을 지속해서 자극하는 원인이 있는지를 자세히 살펴보아야 합니다. 일반적으로 눈썹이 자극하는 경우가 가장 많습니다.

염증 때문에 눈을 깜박이는 경우는 갑자기 발생합니다. 이때는 눈 깜박임 이외에 다른 임상 증상이 동반됩니다.

선천적으로 속눈썹에 문제가 있을 때는 속눈썹이 정상적인 위치가 아닌 곳에 날 수 있습니다. 또 속눈썹의 방향이 각막을 향해 있어서 각막을 자극할 수도 있습니다.

반면 속눈썹은 정상적으로 나 있는데 눈의 위아래 안검이 각막 쪽으로 말려 들어가서 속눈썹이나 아래 안검의 털이 각막을 자극할 수도 있습니다. 이런 경우를 안검내반증이라고 합니다. 샤페이, 차우차우 같은 품종에서는 선천적으로 안검내반증이 자주 보입니다. 특히 샤페이는 피부 주름 때문에 안

검내반증이 심하게 생깁니다. 이럴 때는 동물 병원에 가서 눈의 상태를 꼭 점검받아야 합니다. 반려견의 나이가 어리다면 일시적인 교정법으로 털이 각막을 찌르지 않게 할 것인지, 안검내반증 교정 수술을 할 것인지를 판단해야 합니다.

눈을 갑자기 깜박인다면 눈을 자극하는 요인이 갑자기 발생한 것이고 불편감을 말해주는 신호입니다. 외부에서 들어온 이물이나 감염에도 비슷하게 반응합니다. 이럴 때에는 눈을 찬찬히 주의 깊게 살펴보아야 합니다. 눈에 통증이 있는 경우에도 안검의 경련이 있어 눈이 깜박이는 것처럼 느낄 수도 있습니다. 동물병원에 빨리 데리고 가서 원인을 파악하고 거기에 따른 적절한 치료를 받아야 합니다.

⑥ 눈동자가 푸른색으로 변해요

우리가 눈동자라고 부르는 부분이 바로 각막입니다. 각막은 눈의 흰자위에 해당하는 공막에서 이어져 내려온 투명한 막입니다. 눈의 전면에 위치하고 있고, 눈 크기의 1/6 정도를 차지합니다. 우리가 유리창을 통해서 바깥을 내다보는 것처럼 각막으로

빛이 통과해서 망막에 상이 맺히고 난 후, 대뇌에서 인식하게 됩니다.

원래는 투명한 각막이 푸른색으로 변하는 이유는 개의 전염성 간염 바이러스의 자연 감염, 전염성

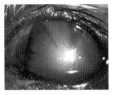

▲ 급성 녹내장에 걸린 눈

바이러스 백신 접종 후 나타날 수 있는 과민 반응에 의한 포도막염 등 때문입니다. 이후 각막 내피세포에 손상을 주고, 각막 부종을 보이는 심층성 각막염이 진행되면 각막이 푸른색으로 보입니다. 만성 각막 부종이나 **녹내장**으로 진행되었을 때는 각막이 지속해서 푸른색으로 보일 수 있습니다.

⑦
결막염이란 무엇인가요?

결막에 발생한 염증을 결막염이라고 통틀어서 말할 수 있습니다. 결막은 눈꺼풀의 안쪽에 해당하는 부분뿐만 아니라 훨씬 더 광범위하게 분포하고 있습니다. 안구를 지탱하는 결막, 상하 안검 안쪽의 결막, 제3안검, 안구 공막의 결막, 누세관의 내측까지 결막이 분포하고 있습니다. 이 모든 조직의 일부분 또는 전부에 염증이 생긴 것을 결막

염이라고 합니다.

결막염은 알레르기, 전염성 등 1차적인 원인의 결막염과 안과 질환으로 말미암아 결막에 염증이 생기는 2차적인 결막염으로 나눌 수 있습니다. 좀 더 구체적으로 살펴보면 세균성, 바이러스성, 면역 매개성, 외상성, 눈물 분비 이상, 각막염, 전안방 포도막염, 그리고 녹내장과 같은 안과 질환 등이 있습니다.

▲ 결막염에 걸린 개

개의 세균성 결막염은 바이러스성 결막염보다는 발생이 적은 편입니다. 하지만 막 태어난 강아지는 눈을 뜨기 전에 신생아성 결막염에 걸릴 수도 있습니다. 보통 생후 14일 전후로 나타나며, 감고 있는 눈꺼풀 사이로 노란색의 고름이 보입니다. 이때는 동물병원에 데려가서 적절한 안약을 처방받으면 됩니다.

개홍역에 걸린 개의 경우, 초기에는 바이러스성 결막염이 보일 수도 있습니다. 예

방 접종 전이거나 접종을 시작한 지 얼마 되지 않은 강아지는 결막염과 함께 호흡기성 증상이 나타날 수 있습니다. 이는 홍역 바이러스에 의한 결막염일 수도 있으므로 적절한 검사를 꼭 해야 합니다.

면역 매개성으로 결막염이 생기는 것은 알레르기나 아토피 때문입니다. 결막의 부종이 심한 편이어서 눈이 퉁퉁 붓기도 합니다. 이외에도 눈물량이 적게 분비될 때는 건성 각결막염이 생깁니다. 이때는 점도가 진한 노란 눈곱이 많이 생기고, 눈이 매우 빨간 결막염과 각막의 염증을 동시에 보입니다.

⑧
눈 밑이 부어요

눈 밑 어느 부분이 붓느냐에 따라 질환의 원인이 다를 수 있습니다. 따라서 반려견의 눈 밑이 부었다면 전체적으로 비슷한 크기로 부었는지, 아니면 특정한 부분만 부었는지, 만지려고 할 때 열감이나 통증이 있는지 살펴보아야 합니다. 열감이나 통증이 있을 때는 아래 결막이나 제3안검 쪽의 질환을 먼저 생각해 볼 수 있습니다.

이럴 때는 눈 밑이 부어오르는 것과 함께 눈 자체에 염증이 생깁니다. 결막이 충혈

되어 있으면서 부어 있거나 공막에 평소보다 많은 혈관이 보이면서 눈이 전체적으로 붉게 보입니다.

이와는 다르게 눈 밑이 부어올랐어도 원인은 눈이 아닌 경우도 있습니다. **치첨농양**이라고 해서 이빨의 뿌리 끝에 농양이 생겼을 때도 눈 밑이 붉게 부어오릅니다. 심할 때는 터져서 피부가 열려 있기도 하고, 피가 보이기도 합니다. 주로 개의 송곳니나 위턱에서 가장 큰 이빨인 네 번째 작은 어금니의 뿌리 끝에 농양이 생깁니다.

▲ 치첨농양 때문에 눈 밑이 부어오른 개

개는 육식 동물입니다. 육식 동물에게 송곳니는 매우 강력한 힘을 발휘할 수 있는 이빨입니다. 송곳니는 보이는 부분의 길이도 매우 길지만, 뿌리의 길이는 훨씬 더 길어서 강력한 힘을 발휘할 수 있습니다. 이러한 송곳니의 뿌리 끝에 염증이 계속 진행되면 농양으로 발전하게 됩니다. 이빨의 깊은 뿌리 끝에 고름이 생기면, 그 고름은 입을

통해서는 빠져나오지 못하고 도리어 눈 밑 피부를 통해 터져 나오게 됩니다. 따라서 반려견의 눈 밑이 부어오르면, 눈뿐만 아니라 이빨의 문제도 고려해 보아야 합니다.

⑨ 눈이 빨개졌어요

반려견의 눈이 갑자기 빨개졌다면 안검이 붉게 된 것인지, 아니면 눈의 혈관이 커진 것인지, 정상적인 혈관 외에 다른 혈관이 생긴 것인지, 출혈 때문인지 반드시 확인해야 합니다. 각각의 상태에 따라 원인과 치료법이 다르기 때문입니다.

우선 안검에 문제가 생기면 눈이 빨개집니다. 알레르기 반응이 원인인 안검염은 그 증상이 즉각적이고 부어 있는 정도도 꽤 심할 수 있습니다. 세균 등의 감염 때문에 생긴 안검염은 노란색의 눈곱이 많이 보입니다.

결막염은 눈꺼풀과 공막에 연결된 결막 부위에 염증이 생겨서 혈관이 새로 생기거나 이미 있었던 혈관이 커지는 것입니다. 그래서 흰자위 부분이 붉게 보여서 눈이 전체적으로도 붉게 보입니다. 이때 결막과 연관된 제3안검이 더 노출되면서 눈이 더 붉게 보입니다.

궤양성 각막염에 걸려도 혈관이 새로 만들어져서 눈이 붉어집니다. 각막은 맨 바깥부터 외피 세포층, 기질층, 데스메막, 그리고 한 층의 내피 세포층으로 되어 있습니다. 감염 등으로 생긴 염증 때문에 외피 세포가 손상되어 기질층이 노출되면 안과 검사에서 형광 염색을 통해 궤양을 확인할 수 있습니다.

궤양성 각막염의 원인은 세균이나 바이러스입니다. 감염 등으로 인해 염증이 생기고, 그 염증 때문에 각막의 외피세포에 손상이 와서 상피세포와 기질층의 일부가 없어진 것입니다. 안과 검사 중 비교적 자주 실시하는 검사 중의 하나인 형광 염색 검사를 실시해 보면 손상된 부분이 녹색의 형광으로 염색되어서 손상된 부위를 확인할 수 있습니다. 각막에 궤양성으로 염증이 진행되면 각막의 외피 세포의 손상이 커지고 궤양의 면적이 늘어나는 것뿐만 아니라 깊이도 깊어집니다. 그리고 이렇게 되면 각막에 부종이 동반되어 뿌옇게 됩니다. 이렇게 각막의 궤양이 깊어지면 병은 좀 더 심각한 양상을 보입니다.

전안방 포도막염에 걸려도 눈이 붉게 보입니다. 눈동자의 검은자위와 흰자위가 만나

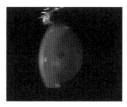
▲ 전안방 포도막염에 걸린 눈

117

는 부분에 충혈이 주로 보이고, 동공은 통증 때문에 줄어들어 있습니다. 포도막염은 모양체와 홍채에 염증이 생기는 병입니다. 따라서 적극적으로 치료해야 합니다.

급성 녹내장은 응급으로 내원해야 하는 질환입니다. 녹내장은 안방수가 제대로 빠져

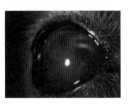
▲ 급성 녹내장 수술 후의 눈

나가지 못해서 안압이 높아지는 질환입니다. 급성 녹내장의 경우 높아진 안압 때문에 눈 주위의 혈관이 두꺼워지기 때문에, 눈이 많이 붉어 보입니다. 주로 상공막의 혈관이 심하게 커지고 동공은 크게 확장됩니다. 시력을 잃을 수도 있으므로 빨리 동물 병원에 가서 적절한 처치를 해야 합니다.

이외에도 외부 충격으로 혈관이 손상되어서 출혈을 보이는 경우가 있습니다. 이때는 각막이나 전안방 등 다른 곳에 이상 소견이 없는지를 꼭 살펴보아야 합니다.

⑩
눈 안쪽에 붉은색의 둥근 것이 튀어나왔어요

개에게는 위아래 안검 외에 사람에게는 없는 제3안검이 있습니다. 제3안검은 여러 역할을 합니다. 그중 가장 중요한 역할은 눈물을 만들어 내는 것입니다. 제3안검은 눈물량 생산의 50%를 담당하는데, 눈물 성분 중 주로 수용성 물질을 분비합니다.

제3안검 뒤쪽에는 림프 결절이 존재해서 면역에도 관여합니다. 또 자동차의 와이퍼처럼 각막 쪽에 붙어 있는 이물질을 닦아 내기도 하고, 눈물이 전체적으로 잘 퍼지도록 도와주는 역할도 합니다. 이러한 역할들은 눈을 건강하게 유지하는 데 매우 중요합니다.

'체리아이'라고 부르는 제3안검 탈출증은 제3안검이 밖으로 튀어나온 것입니다. 이것

▲ 체리아이

은 붉은색을 띠며 둥글고 완두콩만 한 크기입니다. 제3안검의 안쪽에는 T자 모양의 연골이 있는데, 염증이 심해져서 이 연골이 꺾여 나온 경우에는 체리아이 역시 훨씬 심하게 튀어나오게 됩니다.

체리아이의 원인은 명확하게 밝혀지지 않았지만 제3안검에 염증이 생겼거나, 유전적으로 제3안검의 주위 조직이 느슨해지면서 제3안검이 제자리에 있지 못하고 눈의 안쪽에 튀어나오면 생깁니다. 비글이나 코

커스패니얼 같은 품종에서 잘 발생합니다.

체리아이가 생긴 반려견은 지속적인 자극감 때문에 앞발로 눈을 비비거나 얼굴을 소파나 식탁의 다리 같은 곳에 비비게 됩니다. 그러면 눈에 2차적인 감염이 와서 염증이 더 심각해질 뿐만 아니라, 눈의 다른 부분에까지 염증이 올 수 있습니다. 따라서 너무 늦지 않게 치료해야 합니다.

체리아이는 안약을 넣는 것과 같은 내과적 처치로는 낫지 않습니다. 튀어나온 부분을 절제하는 절제술은 눈물량 분비에 문제를 일으킬 수 있고, 반려견이 나이가 들면 안구 건조증이 발생할 확률이 높아지므로 권장하지 않습니다. 따라서 튀어나온 부분을 매몰하는 수술을 시행하는 것이 좋습니다.

체리아이 말고도 제3안검이 평소보다 많이 올라와 있는 경우가 있습니다. 동그랗게 튀어나오지 않고 제3안검만 평소보다 높이 올라와서 눈을 가리고 있으면, 보통 다른 안과 질환을 동반하고 있는 경우입니다. 이는 눈에 통증이 있을 때 흔히 볼 수 있습니다.

⑪
눈동자 일부분이 희게 보여요

각막이 투명도를 잃어서 뿌옇게 되었거나, 수정체가 뿌옇게 변하면 눈동자 일부분이 희게 보입니다. 이러한 증상이 나타나는 이유는 선천적인 원인과 후천적인 원인으로 나누어 볼 수 있습니다.

우선 선천적인 원인은 상대적으로 좀 드문 편입니다. 바센지 품종 등에서 나타나는 동공막 잔존증일 때는 홍채가 각막 일부분에 남아 있어 눈동자가 뿌옇게 보입니다.

후천적 원인으로는 염증이나 감염과 같은 여러 원인 때문에 각막의 외피 세포 손상이 일어나면 뿌옇게 되기 시작합니다. 더 심해지면 외피 세포 아래층인 기질층까지 손상이 일어납니다. 그러면 각막에 부종이 생겨 뿌옇게 되기도 하고, 원래 혈관이 없는 각막에 혈관이 생기기도 합니다. 각막 부종은 각막에 감염이 일어나면 그 감염과 싸우기 위해서 생기는 증상입니다.

각막 일부분이 갑자기 뿌옇게 변하는 가장 흔한 원인은 각막에 궤양이 생겼거나 세균성·바이러스성 감염이 생겼을 때입니다. 각막 궤양은 바이러스나 세균성 감염 때문에 발생하기도 하지만 외상으로도 발생합니다. 각막에 부종이 뿌옇게 있었을 때는 완치된 후에도 각막이 뿌연 것이 상처처럼 남아 있기도 합니다. 그 면적은 줄어들지만 혼탁이 남아 있는 정도는 손상된 부분의 면적이나 깊이와 연관이 있습니다.

수정체에 혼탁이 생겨도 눈동자가 뿌옇게 보입니다. 가장 흔한 원인은 선천성이나 후천성 또는 외상성 백내장, 핵경화증입니다.

백내장은 수정체의 일부 또는 전부에 혼탁이 생기는 질병입니다. 미니어처 푸들, 미니어처

▲ 백내장에 걸린 눈

슈나우저, 아메리칸 코커스패니얼, 보스턴 테리어, 골든 레트리버, 시베리안 허스키 등의 품종에서 발병합니다.

선천성 백내장은 유전적인 영향이 가장 큽니다. 일부만 혼탁이 와서 진행이 천천히 되는 경우도 있고, 반대로 나이가 어려도 진행이 빠른 경우도 있습니다. 이렇듯 선천성 백내장은 원인에 따라 경과가 다양합니다.

빠른 진행을 보이는 선천성 백내장은 양측성으로 발병하는 확률이 높습니다. 그리고 수정체가 완전히 혼탁하게 되어 버리면 빛이 수정체를 통과하지 못해서 시력은 없어집니다. 당뇨병과 같은 전신적 질환이 있을 때는 그 병 때문에 2차적으로 백내장이 오기도 합니다.

또한 가장 흔하게 생기는 노인성 백내장

이 있습니다. 나이가 들수록 수정체 일부분이 흐려지다가 점차 많은 면적이 혼탁해집니다. 시간이 지날수록 색깔도 더욱 진해집니다. 그리고 수정체에 상처가 났었던 경우라면 영구적으로 혼탁이 남게 됩니다.

백내장의 치료 중 안약을 넣는 방법이 있습니다. 하지만 이 방법은 병의 진행을 늦추는 정도만 기대할 수 있습니다. 가장 효과적인 방법은 혼탁해진 수정체를 꺼내고 인공 렌즈를 삽입하는 백내장 수술이지만, 수술비가 비싸다는 단점이 있습니다.

핵경화증은 수정체에서 단백질에 변화가 생겨 뿌옇게 보이는 것입니다. 외관상으로는 백내장과 비슷하게 보입니다. 하지만 백내장과 가장 큰 차이점은 수정체가 빛을 통과시켜서 시력에는 문제가 없다는 것입니다. 따라서 핵경화증의 경우에는 다른 처치를 하지 않습니다.

⑫ 눈동자가 희게 보였던 부분이 투명해지면서 튀어나왔어요

이런 증상은 응급 상황이므로 빨리 반려견을 동물 병원에 데리고 가야 합니다. 가능하면 동물 병원에 갈 때 반려견에게 엘리자

베스 칼라를 해 주는 것이 좋습니다. 엘리자베스 칼라가 없다면 반려견이 발

▲ 엘리자베스 칼라를 착용한 개

로 얼굴 부위를 건드리지 못하게 주의하면서 이동해야 합니다.

각막의 기질층이 모두 손상되면 각막은 더는 혼탁하게 보이지 않습니다. 뿌옇게 혼탁을 보이는 층이 모두 파괴된 것입니다. 이때는 각막에서 가장 튼튼한 막인 데스메막과 단 한 층의 세포층으로 되어 있는 각막 내피 세포만 남게 됩니다. 이것들로만 각막을 유지하고 있는 셈입니다.

이 얇은 막이 안방수의 압력으로 풍선처럼 튀어나오면 혼탁한 부분이 투명하고 반짝반짝해집니다. 안방수는 각막과 수정체 사이에 있는 액체입니다. 이럿은 눈에 영양을 공급하고, 염증이 있을 때는 염증 조절 물질도 공급합니다. 또한 각막과 수정체 사이에 적절한 공간이 유지될 수 있도록 해 줍니다.

충격이나 자극 때문에 매우 취약해진 얇은 막을 빨리 처치하지 않으면 각막이 뚫리는 각막 천공이 일어날 수 있습니다. 각막

천공이 생기면 가장 먼저 안방수가 눈 밖으로 나옵니다. 안방수의 색깔은 투명하고 양도 많지 않습니다. 이때 안방수가 더는 나오지 않는다고 해서 각막 천공이 해결된 것은 아닙니다. 눈의 압력을 유지하기 위해서 홍채가 각막의 뚫린 부분을 막고 있는 상황입니다. 이 상태로 그냥 두면 포도막염이나 안내염까지 발생할 수 있습니다. 안내염으로 진행되면 시력에도 영향을 끼칠 수 있습니다. 따라서 각막 천공이 발생하면 외과 수술로 각막을 봉합해야 합니다.

눈이 갑자기 튀어나왔어요

이러한 상황은 교통사고를 당하거나 머리 뒷부분에서 앞부분 쪽으로 강한 압력이 가해졌을 때, 혹은 개들끼리 싸웠을 때 발생합니다. 가끔 시신경까지 노출되는 경우도 있습니다.

개는 눈을 둘러싸고 있는 해부학적인 구조가 사람과는 좀 다릅니다. 사람은 두개골이 눈을 완전히 둘러싸고 있습니다. 그래서 눈은 거의 뼈의 안쪽에 안전하게 있습니다. 이것을 골성안와라고 합니다. 하지만 개의 눈은 두개골에 반 정도만 둘러싸여 있고, 나머

지 부분은 인대로 되어 있습니다. 그래서 상대적으로 압력에 훨씬 취약합니다. 더욱이 시추나 페키니즈처럼 눈이 크고 코가 낮은 품종들은 눈이 쉽게 튀어나올 수 있습니다.

반려견의 눈이 튀어나온 응급 상황에는 최대한 빨리 동물 병원에 가야 합니다. 눈이 밖으로 어느 정도 나왔는지, 눈이 얼마나 오래 밖으로 나와 있었는지, 동물 병원에 도착할 때까지 어떤 상황을 유지했는지에 따라 눈을 살릴 수 있는 정도가 달라집니다.

눈이 튀어나와 있는 것을 발견했다면, 우선 2차적인 손상을 최대한 막은 상태로 동물 병원에 가야 합니다. 엘리자베스 칼라가 있으면 칼라를 씌워서 반려견이 튀어나온 눈을 건드리지 못하게 해야 합니다. 이럴 때 개들은 본능적으로 앞발로 눈을 계속 비비기 때문입니다. 엘리자베스 칼라가 없다면 수건을 사용해서 반려견의 얼굴 쪽으로

안약은 어떻게 넣나요?

눈의 질병이 있는 때에 제일 먼저 처방되는 것이 안약입니다. 눈 질환은 눈이 갖고 있는 해부학적 특성이 있어 먼저 안약으로 치료를 시작합니다.

반려견의 눈에 안약을 넣을 때는 각막에 직접 넣지 않도록 합니다. 각막은 눈으로 들어오는 압력을 예민하게 느끼기 때문입니다. 안약은 흰자위에 해당하는 부분에 떨어뜨려야 합니다. 한 손으로 반려견의 위쪽 눈꺼풀을 살짝 들어 올려서 흰자위가 많이 보이도록 한 다음, 다른 손으로 안약을 한 방울 떨어 뜨립니다.

간혹 안약을 넣으려

▲ 안약은 흰자위에 떨어 뜨린다.

고 할 때 얼굴을 많이 움직이는 반려견이 있습니다. 이럴 때는 반려견의 얼굴을 잡고 안약을 넣기보다는 반려견의 뒤쪽에서 안약을 넣는 것이 좋습니다.

한 개 이상의 안약을 처방받았을 때는 10분 정도 간격을 두고 넣어야 합니다. 안연고가 있다면 안연고는 맨 마지막에 넣어야 합니다. 안연고를 넣으려면 반려견의 아래쪽 눈꺼풀을 살짝 들어서 작은 주머니 같은 공간을 만든 다음, 그곳에 안연고를 가볍게 짜서 넣으면 됩니다. 그런 후 반려견의 눈을 살짝 감겨서 안연고가 눈 전체에 분포할 수 있게 해 줍니다.

▲ 안연고는 맨 마지막에 넣는다.

발이 갈 수 없도록 최대한 보호해 주는 것이 좋습니다.

만약 집에 멸균된 생리 식염수가 있다면, 다른 손상을 주지 않도록 주의하면서 튀어나온 눈에 식염수를 부어서 눈이 마르지 않도록 해야 합니다. 멸균된 생리 식염수가 없다면 최대한 건드리지 않는 것이 좋습니다. 피가 나거나 먼지 같은 것이 묻었더라도 닦으면 안 됩니다.

동물 병원에서 응급 치료를 한 후에는 두 가지 예후에 대해 이야기해 볼 수 있습니다. 시력 회복 문제와 안구 유지에 관한 것입니다.

첫째, 시력은 시신경과 망막의 손상 정도에 달려 있습니다. 직접 동공반사가 있으면 회복을 기대할 수 있습니다. 하지만 시력이 회복되더라도 안구가 밖으로 빠져나와서 교정술을 실시한 후에는 사시가 될 수도 있습니다. 눈에는 눈을 잡고 있는 근육이 있는데, 눈이 빠져 나오면 이 근육이 손상을 받게 됩니다. 이럴 때는 영구적인 사시를 보일 수도 있습니다. 일반적으로는 눈이 바깥쪽을 향하고 있는 외사시가 많이 발생합니다.

둘째, 시력이 회복되지 못하더라도 안구 적출보다는 안구를 유지하는 것이 훨씬 낫습니다. 시력이 남아 있지 않다고 해도 혈관 공급이 정상적으로 이루어지면 안구는 그대로 유지됩니다. 시간이 지나면 회복된 안구의 크기가 좀 작아지기도 합니다.

14
벽에 자주 부딪혀요

늘 있던 공간에서 개가 자주 부딪히는 경우는 갑작스럽게 눈을 보지 못하게 된 것일 수 있습니다. 개는 익숙한 공간에서는 눈이 보이지 않아도 부딪히지 않고 잘 다닙니다. 하지만 익숙한 환경이어도 갑자기 다른 물건이 놓여 있거나, 놓여 있던 물건의 위치가 바뀌면 부딪힐 수 있습니다. 일반적으로 양쪽 눈이 거의 동시에 실명하는 일은 흔하지 않아서 실명을 알아차리는 일이 쉽지는 않습니다.

개는 후각과 청각이 뛰어납니다. 사람의 귀에는 들리지 않는 작은 소리뿐만 아니라 높은 주파수의 소리도 잘 들을 수 있습니다. 하지만 상대적으로 시각은 사람보다 정교하지 않습니다.

각막을 통해 눈으로 들어온 시각 정보는 수정체를 통해서 망막에 상으로 맺히게 되고, 이 시각 정보는 시신경을 통해 대뇌로 전달되어, 대뇌에서 시각 정보를 인식하는 것이 우리가 사물을 인식하는 순서입니다. 이 순서의 어느 부분이라도 전달에 문제가 생기면 시각 정보를 인식할 수 없고, 시력을 잃게 되는 것입니다.

반려견이 벽에 자주 부딪힌다면 동물 병원에 데리고 가서 안과 진료를 받아 눈의 상태를 확인하는 것이 꼭 필요합니다. 안과 진료로 시력 유무를 먼저 확인해 보아야 합니다. 사람과 같은 수치로 된 시력 검사는 없지만 개의 시력 여부를 평가할 수 있는 몇 가지의 검사법이 있습니다. 시력이 없는 것이 확인되면 어느 부분에서 문제가 발생한 것인지를 확실히 파악해야 합니다.

우선 각막에 만성적인 병이 있다면 여러 변화가 생깁니다.

처음에는 부분적인 혼탁이 있다가 각막 전체로 혼탁이 확장될 수도 있습니다. 이렇게 되면 빛이 제대로 통과하지 못해서 시각 정보를 제대로 전달할 수 없습니다. 그러면 사물을 인식하지 못하게 됩니다.

백내장이 생기면 초기에는 눈동자를 모두 덮지는 않아서 시야의 왜곡이 생기는 정도입니다. 백내장이 중심에 생기면 중심 시야를 막고, 주변에 생기면 주변 시야를 막게 됩니다. 하지만 벽에 부딪힐 정도는 아닙니다. 각막의 지속적인 염증이 아주 오랫동안

있었던 경우 혼탁이 더 심해지면 각막에 검게 색소침착이 일어나게 됩니다.

그리고 수정체 탈출증이 있습니다. 이것은 외상성이나 녹내장, 전안방 포도막염의 경우에 수정체가 전안방이나 후안방 쪽으로 빠지는 것입니다. 이렇게 빠진 수정체는 제자리에 다시 집어넣어서 회복시킬 수 없습니다. 또한 빠진 수정체를 그냥 두면 2차적으로 눈에 문제를 일으키므로 수술로 제거해야 합니다.

그다음은 망막입니다. 망막은 눈의 내부에 있는 얇은 막입니다. 망막에는 급성적 또는 만성적인 양상을 보이다가도 갑자기 망막에 문제가 발생할 수 있습니다. 망막이 부풀어 오르거나 심한 경우 떨어지기도 합니다. 이렇게 떨어지는 것을 박리라고 합니다.

망막이 일부 부풀어 올랐을 때는 시력 변화를 파악하기가 힘들고, 망막의 박리가 어느 정도 진행되어야 발견할 수 있습니다. 반려견이 물건에 부딪힌다든지, 눈앞에 있는 간식을 찾지 못하는 증세를 보인 후에야 대부분 발견할 수 있습니다. 유전적 질병인 진행성 망막 위축증에 걸리면 이러한 증상이 나타날 수 있습니다. 이 질병에 걸리면 생후 8개월 정도부터 심한 시력 장애가 나타나고, 약 12개월 정도에는 완전 실명이 됩

니다. 아이리시 세터나 보더 콜리 등의 품종에서 나타나는 병입니다.

이외에도 시신경염이 발생하거나 외상성으로 시신경에 문제가 생겨도 시력을 잃어버릴 수 있습니다. 또한 시각 정보를 인식해서 해석하는 대뇌에 문제가 생겨도 시력을 잃어버릴 수 있습니다. 드물긴 하지만 대뇌 피질에 종양 같은 병변이 생기는 것을 예로 들 수 있습니다.

개는 시력을 잃어도 실내 생활은 별 무리 없이 할 수 있습니다. 시각 정보의 의존도가 사람처럼 높지 않고, 청각과 후각에 더 의지하기 때문입니다. 하지만 가구 배치를 바꾼다거나 새로운 장소에 가면 여기저기 부딪혀서 코와 발등에 상처가 나게 됩니다. 이럴 때는 엔젤링을 착용시키면 됩니다. 그러면 반려견의 얼굴 주위로 링이 생겨서 다른 곳에 부딪히기 전에 미리 알 수 있습니다.

▲ 엔젤링을 착용하면 사물에 부딪히는 것을 막을 수 있다.

(15) 어두운 곳에서 눈이 푸른색으로 빛나요

눈은 어두운 곳에서는 홍채를 최대한 열어서 빛이 많이 들어오도록 하고, 사물을 잘 구별할 수 있게 합니다. 개는 사람과는 달리 망막에 반사판이라는 것이 있습니다.

반사판은 눈으로 들어온 빛을 모아서 어두운 곳에서도 눈에 들어온 빛의 양을 많게 해 줍니다. 그리고는 망막의 세포에 빛을 다시 공급해서 어두운 곳에서도 잘 볼 수 있게 해 줍니다. 형광등에 반사판을 달아서 사용하면 더 밝게 느끼는 원리와 비슷합니다.

개는 이 반사판 때문에 어두운 곳에서도 사물을 더 잘 볼 수 있고, 움직임도 훨씬 더 민감하게 알아차릴 수 있습니다. 개가 어두운 곳에 있으면 사물을 더 잘 보기 위해 동공이 커집니다. 이렇게 동공이 확장되면 눈의 내부에 있는 반사판이 평소보다 더 잘 보이게 됩니다. 반사판의 색깔은 형광 녹색이거나 오렌지색입니다. 따라서 어두운 곳에서 개의 눈을 보면 푸른색으로 빛나는 것처럼 보이는 것입니다.

5장

생식기

—

① 하루에 소변을 몇 번 보아야 하나요?

소변을 보는 횟수는 연령대, 음료 섭취량, 운동량, 스트레스, 계절, 질병에 따라 다를 수 있습니다. 또한 소변을 보는 것으로 착각하기 쉬운 마킹(영역 표시)의 횟수는 상황에 따라 천차만별입니다. 중요한 것은 얼마만큼 마시고 얼마만큼 소변을 배출하느냐입니다.

▲ 마킹하는 횟수보다는 마시는 물 대비 소변량이 중요하다.

보통 개가 하루에 섭취하는 물의 양은 30~100ml/kg(개의 체중)입니다. 따라서 하루에 최소 100ml/kg을 마시거나 한 시간에 최소 4ml/kg을 마신다면 수의사를 찾아가야 합니다. 또 소변량이 하루에 50ml/kg 또는

한 시간에 2ml/kg 이상이라면 질병 때문일 수도 있으므로 반드시 동물 병원을 방문해 정확한 진단을 받아야 합니다.

② 소변이 노랗게 나와요

건강한 개의 소변은 밝은 노란색입니다. 소변색이 투명에 가깝다면, 물을 많이 섭취하고 신장이 제 역할을 제대로 못해서 체내 수분이 과하게 유출되거나 호르몬계의 문제로 자주 소변을 보는 상황입니다. 반대로 짙은 노란색의 소변은 오랜 시간 소변을 참다가 소변이 재농축되었을 때 관찰할 수 있습니다.

이와 달리 소변이 갈색이거나 혈액이 비치는 색이라면 지체하지 말고 수의사를 찾아야 합니다. 이는 신장이나 방광 쪽의 문제뿐만 아니라 간이나 혈액 체계 내의 심각한 문제 때문일 수도 있습니다. 암컷 개는 생식기 내의 질병 때문에 소변에 핏기나 고름이 보이기도 합니다. 이럴 때는 신속하게 조치하지 않으면 생명까지 위험해질 수 있습니다.

③

소변을 너무 자주 봐요

반려견이 평소와는 다르게 물을 너무 많이 마시고(다갈증, 다음증, 번갈증이라고도 불립니다) 소변을 많이 본다(다뇨증)면, 다음과 같은 질병을 의심해 보아야 합니다.

- 신장 관련 질병
- 간 관련 질병
- 종양
- 부신 관련 질병
- 자궁축농증
- 당뇨병
- 요붕증

음수량은 날씨, 활동량, 사료 등에 따라 차이가 날 수 있습니다. 하지만 반려견이 물 그릇에 담긴 물을 남김없이 마시고도 끊임없이 물을 찾고 그에 따라 소변을 자주 본다면 진단을 받아야 합니다. 이때 소변 검사와 혈액 검사는 필수입니다. 또한 수의사의 판단에 따라 초음파 검사와 엑스레이 촬영을 할 수도 있습니다.

방광 관련 질병일 때는 소변의 전체 양은 크게 변하지 않지만, 극소량의 소변을 자주 누는 행동을 보입니다. 다시 말해 소변을 누려고 시도해도 소변이 몇 방울밖에 나오지 않는 것입니다. 이런 증상은 방광염, 요도염, 결석, 하부 생식기의 염증, 전립선 관련 질병에서도 나타날 수 있습니다. 개는 이러한 질병에 걸리면 소변을 볼 때 통증을 느낍니다.

견주는 수의사가 정확한 진단을 할 수 있도록 반려견이 24시간 동안 먹는 물의 양을 재서 수의사에게 알려 주어야 합니다. 물 그릇에 1L의 물을 채우고 24시간 후에 남은 물의 양을 재면 됩니다.

또한 견주는 수의사에게 소변 전용 용기를 받아 와서 반려견의 소변을 담아 수의사에게 전달해야 합니다. 또 다른 방법도 있습니다. 반려견이 수컷이면 유리병을 팔팔 끓여서 말린 후 반려견이 다리를 들고 소변을 보려고 할 때 유리병을 가까이 대서 소변을 받아 냅니다. 반려견이 암컷이면 팔팔 끓인 물에 씻은 납작한 그릇을 이용해서 소변을 받아 냅니다. 이렇게 받은 소변을 일회용 주사기에 담는 것도 괜찮습니다. 동물 병원에서는 정확한 소변 검사를 위해 주사기로 방광에서 소변을 직접 채취하기도 합니다.

④

소변에 피가 섞여 나와요

혈뇨는 심각한 질병에 걸렸을 때 나타나는 하나의 증상일 수 있습니다.

혈뇨를 본 수컷은 과대해진 전립선이 만져지기도 하고, 진단할 때 복부를 만지면 통증을 호소합니다. 혈뇨를 본 암컷은 종괴가 만져지기도 합니다. 따라서 혈액 응고 장애가 있는지 확인해야 합니다. 또 상부 요로에 염증이 생기면 혈뇨를 볼 수 있으므로 신장 결석, 신장염, 신장암과 같은 신장 관련 질병이 있는지도 확인해야 합니다. 외부 충격(낙상, 교통사고, 학대 등)으로 말미암은 비뇨 기관 내 손상에도 혈뇨를 볼 수 있습니다. 중성화 수술을 하지 않은 암컷이라면 배란기의 출혈은 아닌지 의심해 보아야 합니다. 수컷이라면 생식 기관에 종양이 생기지는 않았는지 진단을 받아야 합니다.

따라서 혈뇨가 발견되면 빨리 동물 병원에 데리고 가서 반려견의 병력이나 증상을 자세하게 설명해야 합니다. 그리고 나서 소변 검사와 일반 혈액 검사 및 혈액 화학 검사를 받아야 합니다. 반려견이 수컷이라면 전립선 검사도 실시됩니다. 만약 보통 때와는 다른 영양제나 비타민제를 먹었다면 소변 검사를 실시하기 전에 수의사에게 알려주어야 합니다. 아스코르브산(비타민 C)을 많이 먹였다면 잘못된 결과가 나올 수도 있습니다. 상태에 따라 초음파·방사선 검사와 조영 방사선 촬영이 필요할 수도 있고, 더 나아가 확진을 위한 조직 검사가 실시될 수도 있습니다.

소변을 통한 건강 진단

반려견의 소변을 관찰하면 반려견의 건강 상태를 어느 정도는 판단할 수 있습니다.

- 소변 색이 흐리고 양이 많다: 당뇨병 같은 대사성 질환일 가능성이 높습니다.
- 소변 색이 지나치게 노랗다: 황달이 있거나 탈수 상태이거나 비타민제를 너무 많이 먹어서입니다.
- 소변 색이 빨갛다: 혈뇨나 혈색소뇨일 때 그렇습니다. 방광염, 방광 결석, 양파 중독 등의 질환이 있어서 입니다.
- 소변 색이 진한 갈색이다: 근색소뇨증이거나 방광의 출혈이 있을 때 그렇습니다. 교통사고, 낙상, 둔상 등에 의해 근육이 심하게 다치면 이런 색의 배뇨를 합니다.
- 소변이 탁하고 악취가 난다: 심한 방광염 때문에 소변에 세균이 번식해서 입니다.
- 소변을 소량씩 자주 싼다: 방광염이나 요도염에 걸려서 입니다. 방광 결석이 심해져서 요도 일부를 막아도 이럴 수 있습니다.

요로 결석이나 종양, 외상으로 말미암은 비뇨 기관의 손상은 대부분 외과적 수술이 진행되어야 합니다. 만약 적혈구 수치가 현저히 떨어졌다면 수혈을 받아야 할 수도 있습니다. 탈수가 일어났을 때는 수액이 공급되어야 합니다. 세균 감염 때문에 염증이 생겼다면 항생제 치료를 병행해야 합니다. 또한 결석과 신부전이라면 약물 치료 이외에 적합한 처방식으로 식이를 교체해야 합니다.

⑤
요결석이 뭐예요?

요결석은 미네랄이 함유된 결정이 신장에서 형성되어 요도에 걸려 있거나 방광으로

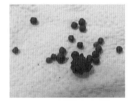

▲ 요결석

흘러 들어가 차츰차츰 자라난 것입니다. 미네랄의 종류에 따라 결정이 형성되어 요결석이 될 수 있습니다. 결석이 생기면 수술을 통해 방광 내의 결석을 모두 제거한 후 미네랄의 종류를 정확하게 파악해야 제대로 치료할 수 있습니다. 수술 후에는 처방식 사료를 제공하고, 새로운 결석이 생기지 않도록 예방해야 합니다.

⑥
방광염의 증상은 어떤가요?

방광염은 통증이 강한 질병입니다. 대부분은 소변이 세균에 전염되어 나타나지만, 결석이 방광을 지속적으로 자극해서 생기기도 합니다. 방광염은 크게 급성과 만성 으로 나눌 수 있습니다.

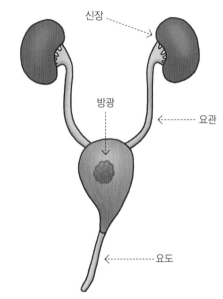

▲ 결석이 방광 안쪽을 자극해서 생기는 방광염도 있다.

방광염은 모든 연령대에서 나타날 수 있고, 수컷보다는 암컷이 더 자주 걸립니다.

방광염에 걸리면 우선 보통 때보다 더 자주 소량의 소변을 봅니다. 때로는 소변을 보려고 시도해도 소변이 한 방울도 나오지

않을 때도 있습니다. 더 나아가 소변에 피가 섞여 나오기도 하고, 체온이 높아지기도 합니다. 또한 수의사가 검진을 위해 복부를 만지면 통증을 호소하기도 합니다. 일부 개는 방광염에 시달릴 때 갈증을 느끼기도 하고, 또 일부 개는 활동량이 감소해 피곤해하는 것으로 보일 수도 있습니다.

방광염을 진단하기 위해서는 소변 검사가 필요합니다. 소변에 어떤 세균이 있는지, 혹시 당뇨병은 아닌지 검사합니다. 이외에도 신장과 방광과 관련해 혈액 검사, 방사선 검사, 초음파 검사 등을 할 수 있습니다.

다른 질병 없이 세균 감염에 의한 방광염일 때는 항생제 처방을 받게 됩니다. 대부분은 항생제를 먹으면 증상이 완화됩니다. 중요한 것은 증상이 완화되었다고 항생제를 바로 끊지 말고, 수의사가 처방한 날짜를 모두 채워야 한다는 점입니다. 항생제를 갑자기 끊으면 방광에 남아 있는 세균에 내성이 생겨 두 번째로 치료를 받을 때 더는 효과가 없을 수도 있기 때문입니다.

만약 단순한 세균 감염 때문이 아니라 당뇨병이나 결석 때문에 방광염에 걸린 것이라면 치료를 병행해야 합니다.

⑦
요독증이란 무엇인가요?

요독증은 신장의 기능 부전으로 소변으로 배출되어야 하는 노폐물이 체내에 축적되어 나타나는 증상입니다. 요독증은 특히 응급 상황인 개에게서 주로 나타나며 구토, 구역질, 식욕 부진, 설사, 복통 등의 증상을 보입니다. 요독증에 시달리는 개의 약 25% 정도가 급성 신부전에 의한 것입니다. 원인에 따라 급성 신부전이 호전되는 경우는 약 80%입니다.

⑧
중성화 수술은
반드시 해야 하나요?

중성화 수술이란 개의 생식 능력을 없애는 수술입니다. 수컷은 고환을 제거하고, 암컷은 난소, 또는 난소와 자궁을 모두 제거합니다. 이 수술은 전신 마취 상태에서 해야 하므로 사전에 철저한 건강 검진을 통해 마취와 수술에 문제가 없는지 확인해야 합니다.

견주 입장에서는 반려견의 중성화 수술을 결정하기가 쉽지 않습니다. 따라서 담당 수의사에게 중성화 수술에 관한 자세한 설명을 듣고 제일 나은 방법을 선택하면 됩니다.

중성화 수술의 장점은 다음과 같습니다. 우선 암컷은 중성화 수술을 통해 원치 않는 임신을 피하고, 자궁축농증을 예방하며, 유선 종양의 발병 가능성을 낮출 수 있습니다. 자궁축농증이나 악성 유선 종양은 개의 수명을 단축할 뿐만 아니라 갑작스럽고 고통스러운 죽음을 맞게 할 수 있습니다.

또한 현재 우리나라의 동물 보호소에는 유기견이 넘쳐 나고, 공장식 번식 및 생산과 가정집 내의 교배로 말미암아 개의 수요에 비해 공급이 많은 실정입니다. 따라서 입양되지 않은 개들은 버려지거나 안락사당하고 맙니다. 이런 악순환을 막기 위해서 중성화 수술이 권장되기도 합니다.

수컷은 중성화하지 않으면 발정기인 암컷을 찾기 위해 집에서 뛰쳐나갈 수도 있습니다. 이것이 유기의 원인이 되기도 합니다. 가출하지 않더라도 수컷이 주기적으로 발정 기인 암컷의 냄새를 맡으면서 암컷에게 접근하지 못하면 스트레스에 시달리게 됩니다. 이는 전립선 관련 질병이나 악성 종양까지 유발할 수 있습니다. 또한 중성화 수술을 하지 않은 수컷은 다른 수컷을 공격할 수도 있습니다. 집 안에 있는 가구와 물품에 마킹하는 문제도 중성화 수술을 통해 해결할 수 있습니다.

중성화 수술의 단점은 반려견에 따라 중성화 수술 이후에 식욕 조절이 잘 되지 않아서 비만이 되기도 하고, 중성화 수술을 너무 일찍 할 경우 행동의 성숙도가 떨어질 수도 있다는 것입니다.

⑨
중성화 수술은 언제 해야 하나요?

수술 시기는 개마다 차이가 있을 수 있습니다. 수컷은 성장이 멈춘 이후에 하는 것이 좋지만, 몸 상태와 행동 변화에 따라 시기를 조절할 수 있습니다. 품종에 따라 성장이 멈추는 시기가 다릅니다. 소형견은 생후 5~7개월에 성장이 멈추기도 하고, 대형견은 생후 1년~1년 6개월에 성장이 마무리될 수도 있습니다.

암컷은 대부분 첫 배란기가 오기 직전에 중성화를 하지만, 소형견, 대형견에 따라 첫 배

▲ 중성화 수술 자국

란기의 시기 역시 다를 수 있습니다. 암컷이

생리할 때는 자궁으로 혈액 공급이 원활하게 이루어지므로 생리 중인 암컷은 일정 시간이 지난 후에 중성화 수술을 해야 합니다. 중성화 수술을 하는 시기가 늦어질수록 유선 종양이 생길 가능성이 커집니다.

따라서 암컷은 최대한 첫 생리 직전이나 그 이후에 중성화가 되어야 합니다. 만약 개가 너무 예민하거나 공포심이 강하다면 중성화 수술을 늦추기도 합니다.

대형견의 중성화 수술

대형견은 소형견에 비해 중성화 수술에 필요한 마취제, 수술 이후에 투여 및 처방되는 항생제와 진통제 용량이 많습니다. 수술 이후에는 소형견과 마찬가지로 몸에 부담이 되는 운동이나 놀이는 피해야 하고, 수술 부위에 무리가 가지 않도록 주의를 기울여야 합니다.

⑩
중성화 수술 후
어떻게 보살펴야 하나요?

수컷은 중성화 수술 때 고환을 제거하고 피부 봉합을 하게 됩니다. 중성화 수술 이후에는 일주일에서 열흘 동안 봉합 부위를 핥아서는 안 됩니다. 암컷 역시 봉합한 복부 정중앙을 최소 일주일에서 열흘 동안 핥으면 안 됩니다. 따라서 봉합 부위에 입이 닿지 않도록 개 전용 넥칼라를 씌워주어야 합니다.

대부분 반려견은 엘리자베스 칼라(넥칼라)를 처음 쓰면 움직임에 제약을 받아 전혀 움직이지 않으려고 하거나 엘리자베스 칼라를 벗기려고 합니다. 이럴 때는 엘리자베스 칼라를 씌운 직후에 맛있는 간식을 제공하면 됩니다. 엘리자베스 칼라의 크기는 반려견에게 알맞아야 합니다. 너무 크면 사료를 먹고 물을 마시기가 힘듭니다. 반대로 너무 작으면 입이 봉합 부위에 닿을 수 있습니다.

만약 반려견이 엘리자베스 칼라에 적응하지 못하고 엘리자베스 칼라를 계속 벗기려고 한다면, 개 전용 티셔츠나 기저귀를 사용해도 좋습니다. 단, 티셔츠나 기저귀를

▲ 개 전용 기저귀

사용하면 매일 최소 2~3번 봉합 부위에 염증이 생기지 않았는지 점검해야 합니다. 또한 중성화 수술 직후 최소 일주일 동안은 과격한 운동이나 무리한 산책 또는 놀이를 피

해야 합니다. 수술 부위의 소독이 필요하다면 수의사의 지시에 따라 실시해 줍니다.

⑪ 유선 종양이 뭐예요?

유선에는 양성 종양과 악성 종양이 모두 생길 수 있습니다. 종양이 생기는 평균 나이는 대략 10살입니다. 암컷은 첫 생리 직전에 중성화 수술을 하면 유선 종양 발병률이 현저히 떨어지고, 중성화 수술이 늦어질수록 유선 종양이 생길 확률이 높아집니다. 또한 호르몬 관련 약품을 이용해 배란기나 발정기를 억제해도 유선 종양이 생길 가능성이 높아집니다. 사람은 임신과 출산으로 유선 종양의 발병이 억제되지만, 개는 이러한 사실이 증명되지 않았습니다.

▲ 유선 종양

유선 종양은 대부분 꼬리 쪽에 가까운 유선에 생기는데, 유선 자체, 유선 주변, 유선 끝부분에서도 나타납니다. 간혹 견주가 유선염과 혼동해서 판단할 때도 있습니다. 따라서 이러한 일을 방지하기 위해서는 동물 병원에 빨리 데려가는 것이 중요합니다.

종양이 양성인지 악성인지 파악하기 위해서는 조직 검사를 해야 합니다. 전신 마취를 하고 종양을 제거해서 정밀 검사를 받아야 합니다. 유선 종양이 발견되었을 때는 전이가 되지 않았는지, 흉부와 복부의 방사선 검사와 초음파 검사를 해야 합니다. 또한 거대해진 림프선은 없는지 검진한 후 거대해진 림프선이 발견되면 미세침 흡인 생검이라는 세포 검사를 실시합니다. 종양의 종류, 종양의 진행 정도, 전이 여부 및 전이된 기관, 림프와 혈액 순환계로의 암세포 침투 등을 복합적으로 분석해 예후를 결정할 수 있습니다. 치료로는 외과적 처치와 항암 치료가 있습니다.

⑫ 난소 종양이 뭐예요?

난소 종양은 노령 암컷 개에게서 나타나는 종양의 약 1%를 차지합니다. 중성화 수술을 안 한 개에게서 주로 나타납니다.

난소 종양이 확진되었을 때 약 50% 정도는 이미 전이된 상태입니다. 복부에 복수가 차고, 난소 종양에서 스테로이드 호르몬이 분비됩니다. 배란기가 지속되고, 자궁축농증이 생길 수 있으며, 수컷화가 되어 가고, 털이 빠지기도 합니다. 또한 호르몬의 불균형으로 말미암아 골수에 손상이 생기고, 이에 따라 적혈구, 혈소판 등 혈액 세포에 문제가 생깁니다.

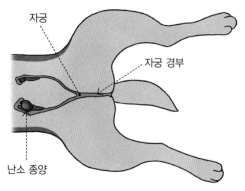

▲ 난소 종양이 생기면 복부에 복수가 차고, 난소 종양에서 스테로이드 호르몬이 분비된다.

난소 종양을 진단하기 위해서는 혈액 검사와 소변 검사가 세밀하게 이루어지고, 방사선과 초음파 검사도 해야 합니다. 복부에 복수가 찼을 때는 주삿바늘로 소량의 복수를 채취해 복수 세포 검사를 해야 합니다. 난소 종양이 의심될 때는 외과적 수술로 제거해서 조직 검사를 합니다. 양성 종양은 매

우 드물고, 대부분 악성 종양입니다. 진행 정도와 전이 여부 등을 바탕으로 항암 치료가 병행됩니다.

##
개도 젖에 염증이 생기나요?

유선염은 대부분 수유 중인 암컷 개에게서 나타나지만 상상 임신 중인 개도 걸릴 수 있습니다.

유선염은 세균이 유선에 침투해 생기는 염증입니다. 작은 상처로 시작해서 세균이 증식하는 경우에도 마찬가지입니다. 특히 강아지들이 젖을 빨다가 이빨이나 발톱으로 상처를 내면 유선염이 생길 가능성이 높습니다. 젖 입구가 막혀도 염증이 쉽게 생깁니다. 이는 강아지들이 젖을 충분히 빨지 않아 유선이 비워지지 않았을 때 발생합니다. 적은 수의 강아지를 낳았거나 강아지의 건강이 좋지 않아 젖을 빨 힘이 없을 때 유선이 충분히 비워지지 않습니다.

유선염의 증상으로는 유선이 빨갛게 부어오르고, 다른 부위보다 따뜻하며, 만지면 통증을 호소하는 것 등이 있습니다. 모견은 통증 때문에 강아지가 젖을 빠는 것을 거부하기도 합니다. 염증이 생긴 유선에서는 피

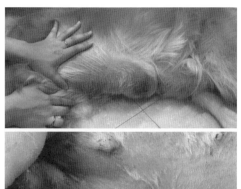

▲ 유선염에 걸린 개

나 피고름이 섞인 모유가 나오기도 합니다. 이러한 상태를 내버려 두면 고열에 시달리면서 활동량이 감소하고, 식욕이 떨어지기도 합니다. 더 나아가 유선에서 생긴 고름이 주변 조직에까지 퍼져서 농양(종기)이 생깁니다.

따라서 암컷이 강아지를 낳은 이후에는 주기적으로 유선들을 확인해 초기 증상(유선이 빨갛게 붓고, 만지면 통증을 호소한다)이 보이면 바로 검진 및 치료를 받아야 합니다.

⑭ 자궁축농증이 뭐예요?

자궁축농증은 자궁에 세균이 번식해서 염증이 생기고, 더 나아가 고름이 차게 되어 생명을 위협할 수 있는 질병입니다. 배란기 때 자궁 입구가 열려 외부로부터 세균이 들어가면 자궁에서 세균이 번식하게 됩니다. 자궁에 고름이 차는 것을 내버려 두면, 자궁이 고름의 양을 감당하지 못해서 터지는 상황이 발생할 수 있습니다.

자궁축농증의 증상으로는 식욕 상실, 체중 감소, 활동량 감소, 계속해서 누워 있기, 구토, 설사, 소변의 빈도 증가, 고열 등이 있습니다.

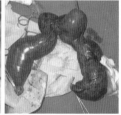

▲ 자궁축농증 수술로 들어낸 자궁

자궁축농증은 초음파로 확진할 수 있고, 진단이 내려지면 바로 수술에 들어가야 합니다. 만약 전신 마취와 개복술이 위험하다면 우선 약물 처치를 하면서 수술을 연기할 수도 있습니다. 하지만 가능하다면 응급 수술로 자궁을 들어내야 합니다. 자궁이 복부 내에서 터져서 세균성 복막염이 병발하면, 생존 가능성이 희박해지기 때문입니다.

6장

임신과 출산

—

① 개의 생식 주기는 어떻게 되나요?

대부분 암컷은 생후 7~10개월 즈음에 2차 성징을 마치고 임신이 가능해집니다. 하지만 첫 생리 때부터 임신을 유도하는 것은 암컷에게 부담이 될 수 있습니다. 따라서 교배는 두 번째 생리 이후에 하는 것이 안전합니다. 한 번 생리를 하고 다음 생리가 올 때까지는 평균 6개월의 시간이 걸립니다.

② 교배는 언제 해야 하나요?

보통 교배는 배란일에 하게 됩니다. 배란일은 생리 시작일로부터 9~17일 사이 정도입니다. 정확한 배란일은 동물 병원에서 간단한 검사를 통해 확인할 수 있습니다.

교배는 배란일을 기점으로 2회 정도 실시해서 임신 확률을 높이는 것이 좋습니다. 일반적으로 암컷은 배란일이 아니면 교배를 거부합니다. 교배는 암컷이 익숙한 장소에서 하는 것이 좋습니다.

방해받지 않는 조용한 장소에 암컷과 교배 경험이 있는 수컷을 두면 스스로 교배를 하게 됩니다. 만약 경험이 부족하거나 암컷이 거부해서 교배가 잘 이루어지지 않는다면 전문가의 도움을 받으면 됩니다.

③ 반려견이 임신했어요

개의 임신 기간은 평균 63일입니다. 임신 여부는 교배로부터 3주 후 초음파 검사를 통해 알 수 있습니다. 임신이 확인되면 가벼운 산책을 제외하고 외출을 삼가야 합니다. 또한 평소에 잘 먹던 영양가 높은 사료를 충분히 주고, 아프지 않게 주변 환경을 신경 써 주어야 합니다.

교배 후 55일 정도 지나면 다시 동물 병원에 데리고 가서 엑스레이 검사를 실시합니다. 이때는 새끼 수와 위치, 머리 크기, 모견 골반의 크기 등을 확인해 난산 가능성을 미리 확인해야 합니다.

대부분 출산은 새벽녘에 이루어집니다. 출산 때는 여러 변수가 생길 수 있으므로 주치의의 연락처를 미리 알아 두어 야간 응급 상황에도 대비해야 합니다.

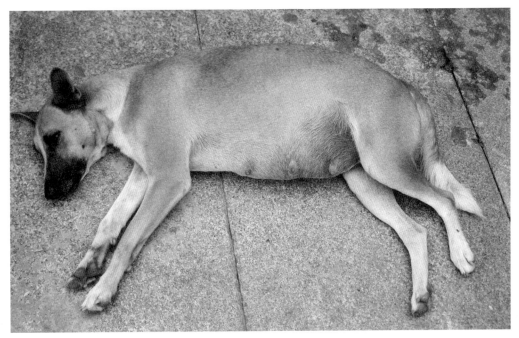
▲ 임신 중인 개

출산이 가까워졌어요

출산에는 여러 변수가 따르고 각각의 과정마다 대응이 다를 수 있습니다. 따라서 사전에 난산의 징후와 대처 방법에 대한 공부와 숙지가 필요합니다.

출산하기 하루 전부터는 식욕이 떨어지고, 체온도 1℃ 정도 떨어지게 됩니다. 출산이 임박하면 복통 때문에 바닥을 긁고, 어느 순간부터는 배에 힘을 주게 됩니다. 일반적으로 배에 힘을 주면 2시간 이내에 출산을 시작하게 됩니다. 소형견은 3마리가량, 대형견은 5~10마리가량의 새끼를 낳습니다.

난산이 걱정돼요

난산의 징후는 다음과 같습니다.

- 배에 힘을 주기 시작한 시간부터 2시간이 넘어도 출산을 안 할 때
- 배에 힘을 한참 주다가 더는 힘을 안 주고 헉헉거리기만 할 때
- 물주머니 같은 것만 나오고 새끼가 안

▲ 모유를 떼지 못한 어린 강아지들과 모견

나올 때

- 녹색 분비물이 다량으로 나오고, 이후로 2시간이 넘도록 새끼가 안 나올 때
- 새끼가 나오다가 걸렸을 때
- 출산을 시작하는 시점이 2시간이 넘어갈 때

위와 같은 난산의 징후가 보인다면 즉시 동물 병원에 데려가야 합니다. 그러고는 제왕절개와 같은 적극적인 방법을 찾아야 모견과 새끼 모두를 살릴 수 있습니다.

▲ 갓 태어난 강아지

정상적으로 출산을 시작한다면 출산 간격은 1시간 이내입니다. 모성이 강한 개라면 새끼가 나오면 양막을 찢고 혀로 핥아서 호흡을 돕고 탯줄을 끊습니다. 그러고는 체온 유지를 위해 계속 새끼의 온몸을 핥으며 보듬어 줍니다.

만약 출산 후 모견이 새끼를 미숙하게 다룬다면 견주가 도와주어야 합니다. 견주는 새끼가 나오면 우선 양막을 찢고 마른 수건으로 온몸을 닦아 주면서 호흡을 확인해야 합니다. 새끼가 숨을 쉬는 것이 확인되면 배꼽에서 1cm 정도 되는 부분을 실로 묶습니다. 묶은 부분에서 1cm 바깥을 소독한 가위로 자른 후, 그 부위를 알코올로 소독합니다.

강아지를 어떻게 돌보죠?

강아지가 모유를 먹는 기간은 최소 6주입니다. 모유를 먹다가 갑자기 사료를 먹게 하는 것보다는 천천히 바꿔 주는 게 좋습니다. 즉, 모유를 끊기 전에 사료를 조금씩 제공해서 위장이 익숙해지도록 합니다. 강아지에게 우유를 먹이는 것은 설사를 유발하고 별다른 도움이 되지 않습니다.

생후 45~50일경에는 첫 예방 접종을 실시합니다.

7장

피부

① 항문낭 질환이 뭐예요?

개의 항문 좌우에는 마킹에 필요한 분비액이 생성되고 보관되는 작은 주머니인 항문낭이 있습니다. 항문낭염은 항문낭에 생기는 대표적인 질병입니다. 만약 항문낭에서 생성된 액체가 외부로 분비되지 않고 입구가 막혀 있다면, 항문낭 안에서 세균이 번식해서 염증이 생길 수 있습니다.

일반적으로 항문낭의 분비액은 대변을 볼 때 같이 나옵니다. 또는 심한 공포를 느끼는 갑작스러운 상황에서도 대변과 함께 (또는 대변 없이) 분비되기도 합니다.

항문낭염은 대형견보다는 소형견에게서 자주 나타납니다. 오랜 기간 설사에 시달리면 항문낭이 압박을 받지 못해 분비액이 유출되는 양보다 저장되는 양이 많아져서 염증이 생길 수 있습니다. 이외에도 항문낭에서 보통 때보다 액체가 과다 분비되거나 피부 알레르기 반응이 항문 주변에 발생할 때도 염증으로 발전할 수 있습니다.

항문낭염에 걸린 개의 대표적인 행동으로는 항문을 자꾸 핥거나 자신의 꼬리를 쫓거나 썰매를 타듯이 엉덩이를 바닥에 대고 밀면서 몸을 움직이는 것 등이 있습니다.

Tip

항문낭을 짜는 방법

1 한쪽 손으로 꼬리를 잡고 들듯이 올려 줍니다.
2 항문 살짝 아래에 양쪽으로 있는 항문낭을 엄지와 검지를 이용해서 살짝 잡습니다.
3 엄지와 검지에 힘을 주어서 항문낭액을 배출시킵니다.

항문낭을 짤 때 주의 사항

1 항문낭을 짜 주는 시기는 생후 6개월 이후부터가 적합합니다.
2 항문낭은 15일에 한 번만 짜 주면 됩니다.
3 항문낭의 위치를 제대로 파악하지 않고 무작정 짜면 반려견이 고통만 느낄 뿐 전혀 도움이 되지 않습니다.
4 항문낭을 짤 때 너무 세게 힘을 주면 항문낭이 찢어져서 염증이 생기고, 심하면 수술까지 해야 하므로 적당히 힘을 주어야 합니다.

항문낭액의 특징

1 색깔은 짙은 초콜릿색입니다.
2 항문낭액은 액체지만, 간혹 젤리처럼 점성이 있을 수도 있습니다. 양은 티스푼에 담길 정도로 소량입니다.
3 항문낭액의 냄새는 지독하므로 짤 때 다른 곳에 튀지 않도록 주의해야 합니다. 그래서 목욕 전에 짜 주는 것이 좋습니다.

항문낭염이 심해지면 항문낭이 과대해져서 변비에 걸리기 쉽습니다. 따라서 반려견이 배변할 때 통증을 호소하며 제대로 대변을 못 보면 항문낭염을 의심해 보아야 합니다. 항문낭염 때문에 통증이 매우 심해지면 움직이려 하지 않고 누워만 있기도 합니다. 항문낭염이 중증일 때는 눈으로 확인할 수 있을 정도로 항문 주변이 부어 있고, 피부가 붉게 변해 있습니다.

이러한 상태를 내버려 두면 항문낭 안에 고름이 생기고, 더 나아가 피와 고름이 뭉쳐서 분비되지 않아 고열까지 발생할 수 있습니다.

우, 변비 때문에 불쾌함을 느끼는 경우 등을 들 수 있습니다.

경우에 따라 치료 방법이 다릅니다. 내부 기생충 때문에 간지러울 경우에는 구충을 해 주어야 하고, 항문낭이 꽉 차 있을 때는 항문낭을 짜주어야 합니다. 이때 서투르게 항문낭을 짜면 오히려 상태가 악화하거나 통증을 가중할 수 있습니다. 염증이 있다면 약물 치료를 해야 하고, 고름이 찼을 때는 수의사의 판단하에 시술할 수도 있습니다. 변비일 때는 관장하는데, 정확한 상태를 파악하기 위해 엑스레이 촬영이나 내시경 검사를 실시할 수도 있습니다.

②
항문을 핥아요

개가 대변을 본 이후에 항문을 핥거나 하루에 3~4번 털과 몸 관리를 하기 위해 항문 주위를 핥는 것은 정상입니다. 하지만 시도 때도 없이 항문을 핥거나 엉덩이를 바닥에 대고 썰매를 타듯이 비빈다면 다음과 같은 질병들을 의심해 보아야 합니다.

구충을 6개월 이상 하지 않아 기생충 때문에 항문이 간지러운 경우, 항문낭이 꽉 차 있는 경우, 항문낭이 막혀서 염증이 생긴 경

③
털이 빠져요

개가 털이 빠지는 이유는 매우 다양합니다. 테스토스테론이나 에스트로겐과 같은 성호르몬과 관련한 피부병, 쿠싱 증후군과 같은 부신의 이상 증식 신드롬, 갑상선 기능 저하증, 곰팡이성 피부염, 외부 기생충 감염, 스트레스로 핥는 행동의 무한 반복, 간지러움증 등을 들 수 있습니다.

우선 털이 빠지는 것은 피부에 염증이 있는지 없는지로 구분할 수 있습니다. 피부

에 염증이 없다면 호르몬의 영향(성호르몬, 갑상선 호르몬, 과부신 피질 호르몬증 등), 곰팡이성 피부염 등을 의심해야 합니다. 염증이 있다면 면역 체계의 이상, 알레르기, 세균 감염, 옴진드기, 모낭충, 벼룩 등의 외부 기생충 감염 등을 의심해야 합니다.

또한 털이 빠지는 것이 뿌리까지 빠져서 피부가 훤히 보이는 것인지 털의 끝부분이 끊겨서 털이 없어 보이는 것인지도 구분해야 합니다. 피부에 고름이 차거나 모낭 깊은 곳에 염증이 차서 부스럼(종기)이 생기면 털의 뿌리가 손상되어 다시는 재생되지 않을 수도 있습니다. 개가 과하게 핥거나 물거나 긁어서 털의 끝부분이 손상되기도 하는데, 이때는 뿌리까지 손상되지 않습니다.

털이 빠지는 원인을 정확히 분석하는 데 필요한 검진 또한 다양합니다. 이러한 검진을 위해서는 견주의 정확한 진술이 있어야 합니다. 예를 들어 간지러움증이 있는지 없는지, 간지러움증이 있다면 언제부터 있었고 얼마나 자주 관련 행동을 보이는지 수의사에게 말해 주어야 합니다. 이외에 외부 기생충 구충은 언제 했는지, 중성화 수술은 했는지, 활동량이 감소했는지, 물을 많이 마시고 소변을 많이 보는지 등의 정보가 필요합니다.

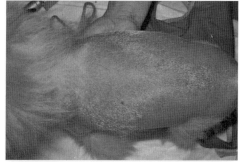
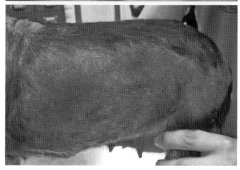

 개가 털이 빠지는 원인은 다양하다.

어느 질병이든 초기에 치료해야 완치율이 높고, 치료하는 시간을 단축할 수 있습니다. 따라서 반려견의 털이 빠지는 것을 방치하지 말고, 어떤 질병 때문에 그런 것인지 분명히 파악해야 합니다.

④
알레르기란 무엇인가요?

알레르기는 몸의 면역 체계가 일반적인 물질을 위험한 인자라고 인지해 생기는 반응입니다. 즉, 어떤 특정한 물질과 접촉하거나 특정한 물질을 흡입, 또는 섭취했을 때 몸의 면역 체계가 과민하게 반응하는 것입니다.

이런 과민한 면역 반응을 일으키는 물질을 알레르기원이라고 합니다. 알레르기원은 우리가 환경에서 늘 접하는 물질이고, 대부분은 위험하지 않습니다. 하지만 이런 일반적인 물질 중에 특정 물질에 알레르기를 가지고 있으면 면역 체계가 격렬하고 과민하게 반응하는 것입니다.

개도 사람처럼 알레르기 증상을 일으킬 수 있습니다. 개의 알레르기 증상은 소화기계, 호흡기계, 그리고 여러 가지 피부 증상으로 나타납니다.

피부에 붉은 반점이나 발적이 보이고, 딱지 같은 것이 생기기도 합니다. 이때는 가려움증 때문에 지속해서 몸을 긁는 행동을 보입니다.

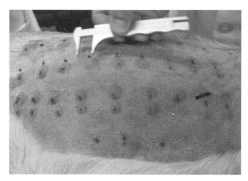
▲ 알레르기 피부 반응 검사

이러한 가려움증은 눈 주위, 발바닥, 귀 등에 나타날 수 있습니다. 이때 개는 눈을 계속 비비거나 눈물을 많이 흘리기도 하고, 발을 깨물거나 핥는 행동을 보입니다. 또 눈 주위에 염증을 동반한 탈모 현상이 생기기도 하고, 귀가 부어오르거나 귀에 지속적인 염증이 생길 수도 있습니다.

▲ 눈 주위에 탈모 현상이 나타난 개

소화기계에 나타나는 증상은 설사와 구토입니다. 호흡기계에 나타나는 증상은 염증 때문에 기도에 부종이 생겨 코를 골거나 재채기를 하는 것입니다.

알레르기가 있는 개는 세균성이나 효모성 감염을 동시에 가지고 있을 수도 있습니다. 그래서 피부 증상이 더 심하게 나타나기도 합니다. 알레르기는 어떤 품종이나 나이와 상관없이 발생할 수 있습니다. 하지만 퍼그, 불도그, 보스턴테리어처럼 코가 낮은 품종과 테리어, 세터, 레트리버 등의 품종에서 더 많이 발생합니다.

알레르기는 크게 환경적인 알레르기와 음식물 알레르기로 나눌 수 있습니다.

환경적인 알레르기의 원인으로는 진드기, 벼룩과 같은 외부 기생충과 특정 화학 재료가 포함된 물품이 있습니다. 알레르기를 유발하는 외부 자극 요소는 개마다 다를 수 있습니다. 일반적으로 여러 차례 특정 요소를 접하면서 면역 체계가 과다 반응을 일으키게 되고, 대부분 두세 살부터 증상이 확연히 드러납니다. 환경에 의한 알레르기(아토피)는 대부분 평생 치료를 받아야 하지만, 간혹 나이가 들면서 호전되기도 합니다. 무엇보다도 알레르기의 원인을 정확히 파악해 알레르기를 유발하는 요인과의 접촉을 최소화하거나 제거해 주어야 하고, 동시에 약물 치료가 이루어져야 합니다.

반면 음식물에 의한 알레르기는 사료에 포함된 특정 성분, 예를 들어 소고기, 돼지고기, 닭고기, 콩 종류의 곡물 등 동물성·식물성 단백질 때문에 생기고, 나이에 상관없이 발생할 수 있습니다. 간지러움증이 심해서 과도하게 긁으면 피부가 손상되어 세균 감염으로 염증이 생깁니다. 따라서 반려견이 보통 때와 다르게 몸을 긁는다면 진단을 받아야 합니다.

사료 알레르기는 추가로 위장 장애가 일어나 설사 증상을 보입니다. 중요한 점은 간지러운 증상이 알레르기 때문인지 모낭충이나 옴진드기와 같은 기생충 때문에 생긴 피부병인지 구분해야 한다는 것입니다.

피부 질환을 예방하는 방법

1 지나치게 자주 씻기지 않습니다. 과도한 목욕은 만성 피부병의 주요 원인 중 하나입니다. 사람 이외의 동물은 원래 목욕이 필요 없습니다. 하지만 사람과 함께 살기 위해서 청결과 냄새 제거를 목적으로 목욕을 시키는 것입니다. 건강한 실내견은 저자극 샴푸로 월 1~2회 정도 목욕시키는 것이 적당합니다. 실외견은 3~6개월에 한 번 정도나 더러워졌을 때만 씻기면 됩니다.

2 샴푸는 냄새가 없는 것을 사용하는 게 좋습니다. 대부분 샴푸의 냄새는 사람에게는 좋게 느껴지지만 개나 고양이에게는 참기 힘든 역겨운 향입니다. 더구나 그 향기를 내기 위해 여러 자극적인 화학 물질이 사용됩니다.

3 샴푸를 충분히 하는 것보다 헹구는 것에 두 배는 더 신경 쓰고, 털을 말리는 것에는 세 배 더 신경을 써야 합니다. 대부분 피부병은 남은 샴푸로 말미암은 피부 자극과 완전히 말려 주지 않아 습해진 피부 때문에 생기게 됩니다.

진단은 혈액 검사나 8~12주 동안의 엄격

한 식이 제한을 통해 합니다. 여기에서 식이 제한이란 예상되는 알레르기 요인을 모두 제거한 사료를 제공하는 것입니다. 예를 들어 말고기, 타조고기, 캥거루고기와 한 가지의 탄수화물(감자 또는 고구마)로 이루어진 사료를 제공해 줍니다. 그 이후 예상되는 요인을 하나씩 차례대로 제공해 주고, 나타나는 증상을 기록해서 알레르기 요인을 찾아내는 것입니다.

피부 질환에 걸린 반려견 목욕법

피부의 세균 감염, 모낭충증, 곰팡이성 피부염, 지루 등의 질병에 걸리면 약용 목욕을 해 주어야 합니다. 약용 샴푸는 피부 질환에 따라 종류가 다양하고, 약용 목욕의 주기는 피부 질환의 정도에 따라 결정해야 합니다. 약용 목욕을 할 때는 약용샴푸를 바르고 10분 정도 거품을 낸 후 마사지를 해 주어야 합니다. 대부분 반려견이 10분이라는 시간을 버티지 못하고 욕조나 욕실에서 나오려고 할 것입니다. 만약 반려견이 너무 괴로워한다면 약용 샴푸를 바른 상태에서 실내를 돌아다닐 수 있도록 배려합니다. 10분이 지나면 약용 샴푸가 몸에 남지 않도록 5분에서 10분 동안 잘 헹궈 줍니다.

치료하려면 알레르기를 유발하는 요소가 포함된 사료를 평생 제공하지 않아야 합니다. 처방식 사료나 반려견이 한 번도 접하지 못했던 단백질을 제공합니다.

특정 외모를 선호해서 외모 위주로 교배하면, 알레르기가 있는 부모견에 의해 유전되기도 합니다. 이런 품종으로는 웨스트 하이랜드 화이트 테리어와 프렌치 불도그, 잉글리시 불도그 등이 있습니다. 또한 아이리시 세터는 곡물에 대한 과다 반응을 타고나는 경우가 많습니다.

⑤

피부에 병변이 생기고
그 부위를 계속 긁어요

이럴 때 의심해 보아야 하는 질병으로는 다음과 같은 것들이 있습니다.

첫째, 피부암입니다. 피부 색깔이 변하면서 단시간 내에 병변의 범위가 커진다면 병원에 가서 조직 검사를 받아 보아야 합니다.

둘째, 낙엽상 천포창이라는 자가 면역 질환입니다. 이 질환에 걸리면 노란색, 심할 때는 갈색 각질이 생깁니다. 병변은 머리, 콧등, 입술, 외이각 안쪽, 발바닥, 발톱, 젖꼭지 부위에서 관찰할 수 있습니다. 이 질환은 세포 검사와 조직 검사를 통해 진단할 수 있습니다.

셋째, 벼룩 침에 대한 알레르기, 사료 알레르기, 환경 알레르기 등입니다.

벼룩에 의한 알레르기인 경우에는 꼬리에 가까운 등 부위, 복부 근처, 심할 때는 온몸을 긁습니다. 이는 벼룩 구충약으로 치료할 수 있습니다. 단, 벼룩 제거 제품을 사용해서 반려견이 눕고 쉬는 장소에 있는 벼룩도 제거해야 합니다.

사료 알레르기인 경우에는 얼굴과 가슴 쪽을 주로 긁다가 심해지면 온몸을 긁습니다. 이럴 때는 6주 이상 한 번도 접해 보지 못한 재료로 이루어진 사료를 제공하거나 알레르기 관련 혈액 검사를 실시해야 합니다.

▲ 반려견이 계속해서 몸을 긁으면 피부 병변이 생겼는지 살펴보아야 한다.

환경 알레르기의 원인으로는 집먼지진드기, 꽃가루, 곰팡이 포자 등을 들 수 있습니다. 증상은 머리와 목 부분에서 시작해서 심해지면 온몸을 긁습니다. 환경 알레르기를 확진하는 것은 간단하지 않습니다. 확실하게 다른 질병이 없어야 하고, 피내 주사 시험을 통해 일부 진단을 하거나 치료 방식을 알아낼 수 있습니다.

넷째, 세균으로 말미암은 2차 감염이나 말라세지아라는 진균으로 말미암은 2차 감염입니다. 이때는 피부 조직이 손상되어 외부의 세균이나 진균이 침투해 간지러움증이 심해집니다. 반려견이 해당 부위를 긁으면 긁을수록 상태는 심각해집니다.

다섯째, 외부 기생충 감염입니다. 간지러움을 유발하는 외부 기생충으로는 옴진드기, 모낭충 등이 있습니다. 옴진드기는 전염성이 강하며 사람에게도 옮길 수 있습니다. 처음에는 외이각, 배, 발꿈치 등에서 시작하고, 치료하지 않으면 온몸으로 퍼질 수 있습니다. 따라서 옴진드기가 의심이 되면 바로 치료를 받아야 합니다. 모낭충의 경우, 유전 때문에 T-세포 부전증 모낭충에 취약하게 태어난 종들은 증상이 단시간에 악화하는 경우도 많습니다. 심하면 초반부터 온몸에 간지러움, 홍반, 탈모, 비듬이 생깁니다. 모낭충에 감염되면 약물치료를 해야 하고, 주기적으로 약용 샴푸로 목욕을 해주어야 합니다.

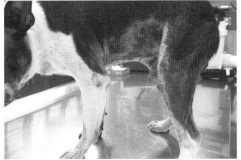

▲ (위) 옴진드기 감염 때문에 치료받고 있는 개
　(아래) 모낭충 감염 때문에 홍반이 생긴 개

지금까지 언급한 다섯 가지 원인 중 어느 것이든 반려견이 병변 부위를 긁으면 긁을수록 상태는 나빠집니다. 따라서 반려견이 해당 부위를 긁거나 물지 못하도록 엘리자베스 칼라를 씌워야 합니다.

⑥
피딱지가 생겼어요

피부 손상으로 출혈이 일어난 이후에는 부스럼이나 딱지가 생길 수 있습니다. 대부분은 어딘가에 부딪히고 긁혔거나, 개 스스로 긁었거나 과하게 핥아서 생긴 상처입니다. 하지만 자가 면역 질환이나 종양 때문에 혈액 출혈이 생겨 응고한 것일 수도 있습니다. 다시 말하면, 홍반성 낭창이라는 자가 면역 질환 때문에 피부에 병변이 생기거나 편평상피암이라는 악성 종양 때문에 부스럼이나 딱지가 생길 수 있습니다. 또한 개가 과한 스트레스에 시달려서 특정 부위를 핥거나 긁어도 피딱지가 생길 수 있습니다.

따라서 피딱지가 생긴 것을 가볍게 여기지 말고 수의사를 찾아 정확한 원인을 파악한 후 그에 적합한 치료를 해야 합니다.

##
비듬이 생겨요

옴진드기에 감염되었거나 곰팡이성 피부염에 걸리면 특정 부위에만 비듬이 생길 수 있습니다. 특히 곰팡이성 피부염은 치료를 안 하면 다양한 부위에 병변이 생길 수 있습니다.

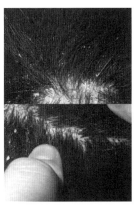

▲ 피부염에 걸려 비듬이 생긴 개

지나치게 자주 샴푸로 목욕하거나, 피지선의 기능 장애로 말미암은 특발성 지루가 있거나, 소형 진드기의 일종인 발톱진드기에 감염되면 몸의 여러 부위나 온몸에 비듬이 생길 수 있습니다. 따라서 정확한 원인을 찾은 후 그에 맞는 치료를 실시하는 것이 중요합니다.

⑧ 피부 색깔이 짙어져요

개도 나이가 들면 색소 침착이 생깁니다. 또 유전적인 요소로 말미암아 태어날 때부터 있는 점(또는 흑색점)을 뒤늦게 발견한 것이 아닌지 살펴보아야 합니다. 문제가 되는 색소 침착은 악성 흑색종입니다. 이 질환은 조기에 수술하거나 항암 치료를 받아야 완치율이 높습니다. 다른 원인 중 호르몬으로

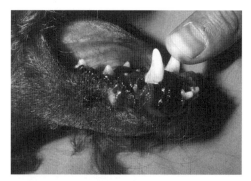

▲ 악성 흑색종 때문에 입가에 종양이 생긴 개

말미암은 색소 변화가 있습니다. 부신 피질 기능 항진증(쿠싱 증후군), 세르톨리 세포 종양, 코르티솔 약물 투여로 호르몬에 변화가 생기면 이런 증상이 나타납니다.

⑨ 발바닥이 찢어졌어요

날카로운 물체를 밟으면 발바닥이 찢어질 수 있습니다. 발바닥이 찢어진 개는 절룩거리거나 다친 발을 바닥에 디디지 않으려고 합니다. 또한 상처 부위를 쉬지 않고 핥기도 합니다.

발바닥의 찢어진 정도에 따라 봉합하거나 발을 감싸는 붕대를 하게 됩니다. 이 붕대는 금방 더러워지므로 반려견에게 맞는 양말이나 신발을 신기면 좋습니다. 만약 붕대가 젖었다면 바로 새로운 붕대로 교체해 주어야 합니다. 젖은 붕대를 내버려 두면 상처 부위에 2차 세균 감염이 생기기 때문입니다. 발바닥은 걸을 때마다 충격을 받으므로 다른 부위에 비해 완치되는 속도가 느릴 수 있습니다.

⑩ 발바닥이 갈라지고 건조해요

개의 발바닥이 갈라지고 건조하면 돌이나 모래 등의 작은 물체에도 쉽게 상처가 날 수 있습니다. 겨울에는 바닥에 있는 얼음 조각에도 상처가 날 수 있습니다. 이럴 때는 바셀린과 같이 화학적인 향이 첨가되지 않은 크림

▲ 갈라지고 건조한 개의 발바닥

을 발라 주어야 합니다. 발바닥 상태에 따라 수의사가 특정 크림을 권할 수도 있습니다.

개의 발바닥은 예민한 부위여서 간지러움을 탈 수도 있고, 온도 변화, 진동, 통증을 모두 느낄 수 있습니다. 따라서 반려견의 발바닥이 매끄럽고 부드러운 상태가 유지될 수 있도록 도와주어야 합니다.

⑪ 발바닥에서 냄새가 나요

개는 사람처럼 온몸에 땀샘이 있는 것이 아니라 발바닥과 코에만 땀샘이 있습니다. 따라서 개의 발바닥에서 나는 냄새의 정도

는 계절에 따라 차이가 날 수 있습니다. 이처럼 반려견의 발바닥에서 냄새가 나는 것은 정상입니다. 일반적으로 견과류나 치즈 냄새와 비슷한 냄새가 납니다. 견주가 불편하다면 개 전용 샴푸로 발을 닦아 주면 됩니다.

⑫ 혹이 생겼어요

혹이 하나만 있는지 아니면 여러 개의 혹이 온몸에 있는지를 먼저 살펴보아야 합니다. 다른 개에게 물리거나 이물질이 박혀서 종기가 생긴 경우에는 고름을 빼내고 약물 치료를 받아야 합니다. 종양일 수도 있으므로 조직 검사를 통해 악성인지 양성인지 파악해야 합니다.

특정 진균 때문에 피부에 혹이 생기고, 그 안에 고름이 찰 수도 있습니다. 세균 감염으로 생긴 혹을 내버려두면 내부 깊숙이

▲ 개의 피부에 생긴 사마귀

까지 감염될 수 있으므로 신속하게 처치해야 합니다.

8장

치과

1

이빨은 어떤 과정을 통해 발달하나요?

개의 유치(젖니)는 작고 날카롭습니다. 생후 3주까지는 견치(송곳니)의 끝부분이 살짝 보이는 정도일 뿐 대부분 이빨이 없습니다. 생후 2~4주 사이에 위아래 견치가 올라옵니다. 생후 4~6주 사이에는 위아래 앞니 12개가 올라옵니다. 생후 6~8주 사이에는 12개의 소구치(앞어금니)가 드러나면서 모든 유치가 보입니다. 위아래를 합쳐서 모두 28개의 이빨이 보여야 합니다.

생후 4~6개월이 되면 위아래 앞니부터 이갈이를 시작합니다. 영구치로 총 6개의 앞니가 올라옵니다. 생후 6~7개월 즈음에는 견치의 영구치가 밀고 나오는데, 유치와 영구치가 동시에 보이기도 합니다. 이때 영구치가 얼마나 오랫동안 빠지지 않고 박혀 있는지 유심히 관찰해야 합니다. 몇 달이 지나도 영구치와 유치가 동시에 있으면서 잇몸 속에서 염증을 일으킨다면 유치를 뽑아야 합니다.

생후 6개월이 지나면 모든 소구치가 빠집니다. 유치일 때는 총 12개였지만 영구치일 때는 총 16개나 나옵니다. 생후 7~8개월 즈음에는 총 42개의 영구치가 완성됩니다.

노령견의 영구치가 빠지는 시기는 개체마다 차이가 있지만, 대략 열 살에서 열두 살 사이에 앞니부터 빠지기 시작합니다. 견치와 어금니는 대략 열다섯 살에서 열여덟

〈개의 유치와 영구치가 나타나는 시기〉

	유치	영구치
절치(앞니)	생후 4~6주	생후 12~16주
견치(송곳니)	생후 2~4주	생후 12~16주
소구치(앞어금니)	생후 6~8주	생후 16~20주
구치(큰어금니)	–	생후 20~28주

견종과 영양 상태에 따라 차이가 있을 수 있음

사이에 빠집니다. 개는 사람과 달리 이빨이 없다고 위장 장애가 생기지는 않으므로 특수한 경우가 아닌 이상 임플란트가 필요하지 않습니다.

②
한 살이 넘었는데 유치가 빠지지 않아요

소형견 중에는 유치가 빠지지 않아서 영구치와 유치가 모두 존재하는 경우가 있습니다. 이럴 때는 상어의 이빨 구조와 비슷한 형태를 띠게 되고, 영구치와 유치의 간격이 좁아서 그 안에 음식 찌꺼기가 낄 수 있습니다. 음식 찌꺼기가 이빨 사이에 오래 남아 있으면 치석이 생길 수 있고, 치주염에 걸릴 확률도 높습니다.

유치는 영구치처럼 뿌리가 온전히 잇몸 속에 박혀 있습니다. 하지만 유치의 뿌리는 영구치의 뿌리보다 가늘기 때문에 뽑을 때 유치의 뿌리가 부러져서 잇몸 속에 남아 있는 일이 없어야 합니다. 또한 유치의 뿌리를 뽑다가 영구치의 뿌리를 건드려 영구치의 조직이 괴사하는 일도 피해야 합니다.

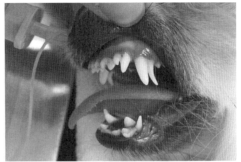
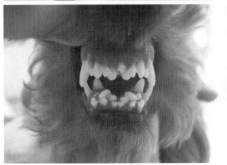

▲ 영구치와 유치가 모두 있는 개

③
영구치가 다 나오지 않았어요

개의 어금니 중 앞쪽 첫 번째 어금니와 뒤쪽 마지막 어금니는 작거나 잇몸 속에 숨어 있는 경우가 종종 있습니다. 이 어금니들은 특정 임무를 수행하는 중요한 부분이 아니므로 앞으로 시간이 지날수록 점점 사라질 것이라는 게 치과계의 추론입니다.

영구치가 잇몸 속에 숨어 있는지, 아니면 아예 뿌리조차 존재하지 않는지는 맨눈으로 판단할 수 없습니다. 이는 동물 병원에서 엑스레이 촬영을 통해 확인할 수 있습니다.

이빨 모양이 이상해요

유치나 영구치 모양이 변형되는 원인은 다양합니다. 선천적이거나, 해당 이빨이 충격을 받았거나, 세균에 감염되었거나, 이빨 형성에 영향을 미치는 신진대사의 문제 때문일 수 있습니다. 선천적인 이유로 이빨 모양이 변했을 때는 여러 이빨에 해당되는 경우가 많습니다. 이빨이 형성되는 시기에 감염으로 인해 변형되었을 때는 감염된 특정 이빨에 해당되는 경우가 대부분입니다. 이빨의 에나멜 기형으로 변형이 생겼을 때는 이빨 표면이 까칠하고 짙은 갈색의 얼룩이 있습니다. 이로 말미암은 이빨의 손상 정도는 개마다 다를 수 있습니다.

반려견의 이빨 모양 이상하다면 이빨 건강에 특별히 관심을 기울이고 관리해 주어야 합니다. 다른 개보다 치석이나 치태가 훨씬 많이, 그리고 빠르게 생기기 때문입니다. 변형이 너무 심할 때는 수의사의 판단하에 인공 치관(치아머리)을 씌울 수도 있습니다.

⑤ 건강한 잇몸은 어떤 상태인가요?

개의 잇몸 색깔은 옅은 분홍색이어야 하고, 매끄러워야 합니다. 일부 개는 잇몸 색깔이 어두운 색소로 형성되어 있지만, 대부분 개의 잇몸은 옅은 분홍색입니다.

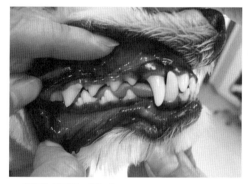

▲ 건강한 잇몸을 가진 개

잇몸을 통해 개의 몸 상태를 추측할 수 있습니다. 잇몸을 손가락으로 누르면 하얗게 되었다가 2초 내로 원래 색깔로 돌아와야 합니다. 원래 색깔로 돌아오는 데 2초 이상이 걸린다면 탈수, 간과 관련한 질병, 독극물 중독, 혈소판과 연관된 혈액 관련 질병 등을 의심해야 합니다. 잇몸 색깔이 창백하다면 빈혈이나 간 관련 질병 등을 의심해야 합니다. 이러한 잇몸 증상이 나타나면 즉시 동물 병원을 찾아 정밀한 검진을 받아야 합니다.

혀 아래의 점막은 잇몸 부위보다 얇아서 상처가 나기 쉽습니다. 이 점막에서는 입안이 마르지 않도록 침이 분비됩니다. 침은 사료를 쉽게 소화하도록 도와줍니다. 따라서 반려견이 사료의 냄새를 맡고 먹으려고 시도하다가 얼마 먹지 못하고 사료를 거부한다면, 잇몸뿐만 아니라 혀 아래의 점막 역시 꼼꼼히 살펴보아야 합니다.

⑥ 개 껌을 먹다가 조각이 잇몸에 박혔어요

개 껌뿐만 아니라 나무 막대기나 장난감을 물어뜯으면서 놀다가 조각이 잇몸에 박힐 수 있습니다. 이를 집에서 제거하는 것은 매우 위험합니다. 조각을 제거하면서 특정 이빨의 뿌리를 다치게 할 수 있고, 이로 말미암아 더욱 심각한 증상으로 발전할 수 있기 때문입니다. 또한 조각을 제거한 이후 잇몸이 열려 있는 상태에서 사료를 먹거나 다른 물건을 씹으면 세균 감염으로 상태가 악화할 수 있습니다. 사료를 먹지 않거나 다른 물건을 씹지 않더라도 입안에는 다양한 세균이 살고 있어서 열린 잇몸을 통해 염증이 생길 가능성이 매우 높습니다.

따라서 아무리 작은 조각이어도 수의사를 찾아 제거하고, 약을 처방받는 것이 중요합니다.

⑦ 이빨이 아플 때는 어떤 증상이 나타나나요?

이빨이 부러지거나 잇몸에 상처가 나거나 구강 내에 통증이 있을 때의 증상은 다음과 같습니다.

반려견은 사료의 냄새를 맡고 먹으려고 시도하지만 이내 포기해 버립니다. 또한 신음을 내거나 혀로 코끝을 계속 핥고, 침을 과다분비합니다. 또 견주가 머리를 쓰다듬거나 입을 벌리게 하려고 시도하면 으르렁거리거나 물려고 하고, 어딘가로 숨으려는 행동 등을 보입니다.

이빨이 부러지더라도 초반에는 행동의 변화가 없을 수 있습니다. 하지만 작은 골절이어도 과소평가해서는 안 됩니다. 작은 골절로 시작해서 신경이 있는 치수가 열리면 감염이 일어나거나 심한 통증을 초래할 수 있기 때문입니다.

따라서 이빨의 골절을 처음 발견했을 때 동물 병원을 방문해야 합니다. 정확한 진단을 위해 엑스레이 촬영으로 염증의 정도를 판단할 수 있습니다. 치료할 때도 치료가 어느 정도 진행되었는지 엑스레이 촬영을 할 수 있습니다.

⑧
입에 흔히 생기는 질환에는 어떤 것들이 있나요?

영구치가 부족하게 형성되거나 필요 이상으로 과하게 형성된 경우, 이빨 형태가 변형된 경우, 이빨이 부러져서 치수가 열린 경우, 치주염, 양성 종양 및 악성 종양(섬유 육종, 악성 흑색종, 악성 상피 세포 종양) 등이 있습니다.

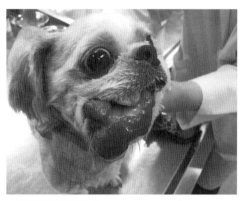

▲ 악성 종양에 걸린 개

일부 견주에게는 반려견의 이빨을 닦아주는 것이 낯설고, 필요성에 대한 의문이 생길 수 있습니다. 하지만 치주염은 개가 걸리는 가장 흔한 질병 중 하나입니다. 정도의 차이가 있지만 다섯 마리 중 네 마리가 걸리기 때문입니다. 치주염은 개가 두 살일 때부터 시작됩니다.

▲ 치석으로 생긴 치주염　　▲ 개 전용 칫솔

치주염은 세균으로 이루어진 치석이 이빨의 겉면에 달라붙어서 생깁니다. 이러한 치석이 애초에 생기지 않는다면 치주염에 시달릴 일도 없는 것입니다. 치주염이 심해지면 간과 신장에도 무리가 갈 수 있고, 심장 판막 및 심근 관련 질병이나 폐렴에 걸릴 수도 있습니다. 따라서 치주염을 예방해야 다른 질병도 예방할 수 있습니다.

우리 반려견 칫솔질은 이렇게!

1 어릴 때부터 습관을 들여야 합니다.

2 간식으로 이빨을 관리하는 것도 좋고(그리니즈), 잇몸에 발라 주는 형태의 치약도 좋습니다. 하지만 치약과 칫솔로 관리해 주는 것이 가장 좋습니다.

3 반려견이 크게 거부감을 안 느끼는 치약을 고릅니다.

4 코나 입천장에 묻혀 매일 조금씩 먹여 봅니다.

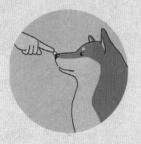

5 반려견이 익숙해지면 시간이 날 때마다 손가락으로 이빨을 만져 줍니다.

6 텔레비전을 보거나 안아 줄 때도 이빨을 만져 줍니다.

7 반려견이 견주의 손가락에 더는 거부감이 없어지면 손가락에 치약을 묻혀 닦아 봅니다.

8 손가락에 거즈를 감고 치약을 묻혀 닦아 봅니다.

9 면봉에 치약을 묻혀 닦아 봅니다.

10 반려견이 가장 좋아하는 크기와 색깔의 칫솔을 산 후 치약을 묻혀 닦아 봅니다.

11 어느 순간에라도 반려견이 심하게 거부하면 바로 그만두어야 합니다. 억지로 하면 평생 못 할 수도 있습니다.

163

⑨ 입에서 왜 냄새가 날까요?

입에서 냄새가 나는 원인은 다양합니다. 먼저 구강 관련 질병인 치주염이나 구강 내 종양, 부러진 이빨 등으로 냄새가 날 수 있습니다. 그리고 위장 관련 질병인 식도염, 위염, 위암이나 신부전, 당뇨병이 있을 때도 입에서 냄새가 날 수 있습니다.

질병에 따라 냄새 차이가 있을 수 있지만, 이는 전문가가 아닌 이상 구분하기 힘듭니다. 또한 전문가여도 냄새만으로 특정 질병이라고 진단하기 어렵습니다. 따라서 입에서 냄새가 날 때는 예상되는 질병과 관련해 정밀 검사를 받아야 합니다.

▲ 초음파 스케일러

⑩ 마취하지 않고 스케일링을 할 수 있나요?

스케일링하려면 개가 장시간 입을 벌리고 가만히 있어야 합니다. 대부분 병원에서는 초음파 스케일러를 사용합니다. 이것의 원리는 초음파를 이용해 초당 2만~4만의 진동이 치석에 닿으면서 이빨 표면의 치석이 떨어져 나가는 것입니다.

초음파 스케일러를 사용하면 미세하고 빠른 진동으로 말미암아 많은 열이 발생하고, 열로 말미암은 이빨 손상을 막기 위해 많은 양의 물이 주입됩니다. 이때 물이 기도로 넘어가지 않도록 삽관을 합니다. 삽관은 마취하지 않은 상태에서는 불가능합니다. 따라서 개의 안전을 위해서는 꼭 마취해야 합니다. 또한 사람과 마찬가지로 스케일링을 하다 보면 치석을 제거하다가 피가 나기도 합니다. 이럴 때 통증이 생기면 요동하지 않고 가만히 있는 동물은 거의 없습니다.

(11)

강아지가 젖을 먹을 때
이상한 소리를 내고 잘 못 먹어요

사람과 마찬가지로 개에게도 구순 구개열이 있습니다.

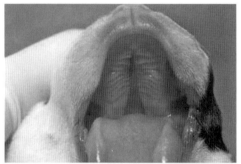

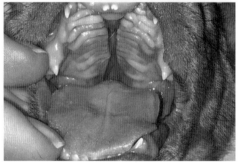

▲ 입천장이 갈라진 형태의 구순 구개열

구순 구개열은 입술이나 잇몸이 갈라지는 등 외부에서 관찰할 수 있는 것 이외에 입천장이 갈라지는 선천적 기형이 있습니다. 입술이나 잇몸이 갈라져도 젖을 제대로 빨기 힘들지만, 입천장이 갈라져 있으면 열

려 있는 입천장을 통해 젖이 코로 넘어가 기도로 흘러내려 갈 수 있으므로 더욱 위험합니다.

구순 구개열이 있는 강아지는 젖을 빨 때 이상한 소리를 내기도 합니다. 또한 이런 강아지는 형제들보다 체중이 덜 나가며 운동성이 떨어질 수 있습니다. 따라서 구순 구개열을 발견하면 즉시 수의사를 찾아 정확한 진단을 받아야 합니다. 조속한 처치와 수술을 하면 이후에는 강아지가 건강하게 자랄 확률이 매우 높아집니다.

9장

이비인후과

① 건강한 귀 상태와 이상이 생겼을 때 나타나는 증상은 무엇인가요?

반려견의 건강한 귀 상태를 점검하는 것은 어렵지 않습니다.

- 불쾌한 냄새가 나지 않는 귀
- 깨끗한 귀
- 귓속의 피부색이 옅은 분홍색인 귀
- 귀지가 많은 귀

▲ 건강한 귀

귓속에 이상이 생겼을 때 나타나는 증상은 다음과 같습니다.

- 머리나 귀를 한쪽이나 양쪽으로 자주 털 때(흔들어 댈 때)
- 발로 귀 주변과 귓속을 자주 긁으려고 할 때

- 갈색, 검은색, 노란색, 빨간색 등의 귀지가 많이 생겼을 때
- 귀가 빨갛고 부었을 때
- 귀에서 불쾌하고 강한 냄새가 날 때
- 외이각이 부어올랐을 때
- 제자리에서 뱅글뱅글 돌거나 발을 헛디디거나 방향 감각이 없을 때
- 소리에 잘 반응하지 못할 때
- 통증을 호소할 때(낑낑거리거나 신음을 내기도 함)
- 머리 부근이나 귀 근처를 못 만지게 하거나 만지면 공격성을 보일 때
- 활동성이 감소할 때
- 식욕이 감소할 때

② 외이염이 뭐예요?

외이염은 중이염보다 흔히 발생하는 질병입니다. 외이염은 초기에 치료하는 것이 매우 중요합니다. 외이염의 원인으로는 다음과 같은 것들이 있습니다.

- 외이염에 쉽게 걸리는 품종
  - 귀가 납작하거나 귀가 길어서 축 늘어져 있거나 귓속에 털이 많은 품종
  - 산소가 적을 때 번식하기 좋아하는

세균들에 의해 발병

- 귀지 생산이 많은 경우
  - 귀지를 생산하는 분비샘이 다른 개들 보다 많은 경우
  - 코커스패니얼, 스프링어 스패니얼, 검은 래브라도 등
- 귓속이 자주 젖어 있는 경우
  - 수영을 많이 하는 경우
  - 목욕을 자주 해서 귓속에 물이 자주 들어갈 경우
- 잘못 선택한 귀 세척제
- 귓속 피부 조직을 손상하는 과격한 귀 세척
- 귀 내부의 양성·악성 종양, 육아종
- 기생충(귀 진드기)
- 이물질
- 사료 알레르기로 말미암은 피부 알레르기 반응이 귓속에서 일어날 때
- 갑상선 기능 저하증, 에스트로겐 과다 분비증
- 피부와 관련한 자가 면역 질병
- 세균이나 진균으로 말미암은 감염

외이염을 정확하게 진단하기 위해서는 현미경을 통한 세포 검사와 배양 검사를 할 수 있습니다.

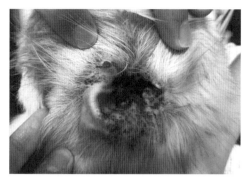

▲ 외이염에 걸린 귀

외이염의 완치율을 높이기 위해서는 무엇보다 견주의 협조가 중요합니다. 견주는 수의사가 처방한 주기와 방식을 정확하게 지켜서 반려견의 귀 세척을 실행해야 합니다. 귀를 세척할 때는 충분한 세척제를 넣어서 귓속을 마사지한 후 반려견이 귀를 마음껏 털 수 있게 해 줍니다. 소량의 세척제를 사용하면 귓속의 귀지나 이물질이 제대로 제거되지 않을 수 있습니다.

중이염이 뭐예요?

개의 중이염은 대부분 외이염이 만성화되면서 진행되고, 양쪽 귀에 모두 염증이 생깁니다. 중이염 치료를 위해서는 외이염의 원인을 파악하는 것이 중요합니다. 외이염의 원인이 중이염을 일으켰을 가능성이 매

우 높기 때문입니다.

하지만 납작머리증에 시달리는 시추, 퍼그, 페키니즈 등의 품종은 변형된 두개골의 형태 때문에 중이염이 생기기도 합니다.

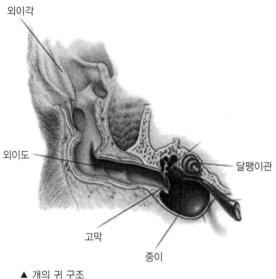

▲ 개의 귀 구조

만성 외이염과 중이염에 걸리면 귓속에서 고약한 냄새가 날 수 있습니다. 또한 누런 진물이 나오면 고름이 생기는 단계이므로 빨리 동물 병원에 데리고 가야 합니다. 만약 이러한 상태를 내버려 둔다면 얼굴에 퍼져 있는 신경까지 손상될 수 있습니다.

만성 외이염과 마찬가지로 중이염에 걸리면 매우 큰 통증이 생깁니다. 이러한 통증 때문에 개는 귀 주위나 귓속을 뒷발로 끊임없이 긁고, 머리를 삐딱하게 기울여서 유지하고, 바닥에 머리를 비비거나 자신의 머리를 만지지 못하게 합니다. 이뿐만 아니라 활동량이나 식욕도 감소합니다. 동물 병원에 온 개가 통증 때문에 자신의 머리를 만지지 못하게 할 때는 진정제나 전신 마취를 이용해 진단해야 합니다. 중이염을 정확히 진단하기 위해서는 방사선 촬영이나 CT, 더 나아가 내시경까지 동원될 수 있습니다.

중이염의 정도에 따라 처치와 약물 치료가 다릅니다. 세균에 의한 염증이라면 세균에 따라 처방되는 항생제가 다릅니다. 귀 세척제의 종류 또한 원인에 따라 다르게 사용해야 합니다. 증상이 매우 심할 때는 한 달 이상 약물 치료를 해야 할 수도 있습니다.

귀 세척과 약물 치료로도 중이염이 낫지 않는다면 기관 내 조직에 손상이 있지는 않은지 정밀 진단을 해 보아야 합니다. 이럴 경우 외과적인 처치가 행해질 수 있습니다. 중이염이 심해져서 내이염이 되면 균형 감각을 잃을 수 있습니다. 이때는 몸을 제대로 못 가누고, 머리를 옆으로 기울어서 들게 됩니다.

④
중이염 수술,
위험하지 않은가요?

100% 안전한 수술이 없듯이, 중이염 수술 역시 위험하다 혹은 위험하지 않다고 단언할 수 없습니다. 중이염 수술은 약물 치료를 해도 상태가 나아지지 않을 때 하는 수술입니다. 매우 심각한 중이염은 엄청난 통증을 유발하고, 여러 가지 합병증(내이염, 얼굴 신경 손상, 균형 감각 상실 등)을 발생시킵니다.

따라서 반려견을 통증으로부터 해방시켜 주기 위해서 수술을 고려할 수 있습니다. 수술 여부는 주치 수의사가 판단해야 합니다.

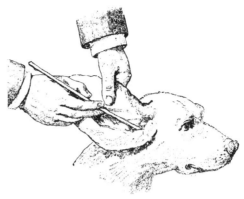

▲ 너무 잦은 귀 청소는 오히려 좋지 않다.

따라서 귀지가 너무 많은 것 같거나 염증 초기 증상처럼 보인다면 정확한 진단을 위해 동물 병원을 찾는 것이 좋습니다. 초기에 정확한 원인을 알고 치료해야 불필요한 질병을 예방할 수 있습니다.

⑤
귀지를 자주
파주어야 하나요?

사람과 마찬가지로 개의 귓속에는 귀지를 생산하는 분비샘이 존재합니다. 따라서 어느 정도 귀지가 발견되는 것은 정상입니다. 귀지가 보일 때마다 귀 세척제를 넣거나 면봉으로 귀를 파면, 귓속의 연한 피부 조직을 손상해 염증을 일으킬 수 있습니다.

Tip

귀 털을 뽑아 주어야 하나요?
귀 털을 뽑으면 만성 귓병이 생길 수도 있습니다. 귀 털은 수의사가 치료 목적상 필요하다고 판단했을 때만 제한적으로 뽑아야 합니다. 단순히 청소 목적으로 귀 털을 제거하는 것은 매우 위험한 행동입니다. 귀 털을 뽑은 곳이 세균에 의해 감염될 수 있고, 귀 털이 없으면 귓속에 들어온 수분 때문에 귓병이 생길 수 있습니다.

⑥
소리에 반응이 없어요

소수의 개는 태아일 때 형성되어야 하는 청각 세포의 발달에 문제가 생겨 귀가 열린 이후에도 듣지 못하는 경우가 있습니다. 즉, 선천적인 청각 장애로 평생 소리를 듣지 못하고 살 수 있습니다. 이런 개를 위해서는 산책할 때 꼭 리드 줄을 해야 합니다. 그

리고 손 사인으로 '앉아', '엎드려', '기다려', '안 돼' 등의 기본적인 훈련을 시행해야 합니다. 이런 훈련은 간식으로 하는 긍정 강화 훈련으로 해야 하고, 물리적인 체벌은 피해야 합니다. 청각 장애 개에게 제일 좋은 동반자는 소리를 잘 듣는 다른 개입니다. 따라서 반려견에게 청각 장애가 있다면 소리를 잘 듣는 개를 한 마리 더 입양하는 것이 좋습니다.

▲ 청각 장애 개도 손 사인을 통해 기본적인 훈련을 할 수 있다.

소리를 잘 듣다가 어느 날부터 갑자기 소리에 둔감해지는 증상의 원인은 다양합니다.

- 중이염과 내이염으로 말미암은 조직 손상
- 뇌에 가해진 충격(뇌에 병변이 생겼을 때)
- 약물 중독이나 독약 섭취
- 내이 부근에 생긴 종양
- 달팽이관 손상
- 청각 신경 손상
- 뇌종양
- 고령으로 말미암은 증상

▲ 청각을 잃기 시작한 개는 낯선 환경에서 불안해할 수 있다.

청력을 잃기 시작하는 초반에는 지시어를 반복해서 이해하고, 손뼉 치는 소리, 자동차 소리, 부르는 소리에 반응하는 속도가 느려지거나 반응하지 않게 됩니다. 소리가 잘 들리지 않기 시작하면 낯선 환경에서나 산책할 때 불안해하는 모습을 보일 수 있습니다.

소리에 대한 반응이 감소하거나 늦어지면 수의사를 찾아 정밀 검진을 해 보아야 합니다. 검진으로는 청각 검사, 반응도 검사, 신경내과 및 외과적 검사, 귀 내시경 등을 할 수 있습니다.

귀에서 피가 나요

외이염, 귀 진드기, 이물질 등으로 귀가 간지러우면 머리를 과하게 흔들거나 뒷발로 긁어서 작은 혈관들(모세 혈관 포함)이 터지면 피가 날 수 있습니다. 이로 말미암아 귀가 뜨거워지거나 붓고, 통증을 호소할 수 있습니다.

귀에서 피가 나는 상태를 치료하지 않고 내버려 둔다면 외이각이 계속 부어 있다가 형태에 변형이 와서 귓속에 다른 합병증이 생길 수 있습니다. 수의사에게 보이고 처방에 따라 치료해야 합니다.

⑧
귀 진드기 예방약을
발라야 하나요?

귀 진드기는 외이각에서부터 내이까지와 귀 주변 털 속에서 기생합니다. 귀 진드기는 개와 개 사이에서 옮지만 고양이에서 개로 옮기도 합니다. 따라서 귀 진드기를 예방하는 것이 중요합니다.

▲ 귀 진드기

귀 진드기에 감염되면 매우 심한 간지러움증이 생깁니다. 그래서 머리를 계속 흔들거나, 바닥에 귀를 비비거나, 뒷발로 쉬지 않고 귀를 긁는 행동을 보입니다. 또한 귀지가 갑자기 많이 생기거나 염증이 생기고, 짙은 갈색이나 검은색의 딱지가 보입니다. 귀 진드기 감염을 내버려 두면 고막

이 손상되기도 하고, 심각한 중이염에 시달리며, 심하면 청력을 잃을 수도 있습니다. 따라서 수의사의 처방에 따라 치료해야 합니다.

귀 진드기 예방약 중에는 심장 사상충 예방이 동시에 되는 것도 있으니, 수의사에게 문의해 심장 사상충과 귀 진드기를 동시에 예방하는 것을 추천합니다.

⑨
개의 고막도
터질 수 있나요?

개의 고막은 면봉이나 막대기와 같은 긴 물체, 큰 소리를 동반한 폭발, 귀에 가해진 충격 등으로 손상될 수 있습니다.

고막이 손상된 개는 통증을 호소하거나 어지러운 듯 몸을 제대로 가누지 못하고 소리에 반응하지 않습니다. 귀에서는 피가 나오거나 피가 아닌 액체가 분비 되기도 합니다.

반려견의 고막이 터진 것 같으면 바로 수의사를 찾아야 합니다. 원인이 바로 확인된다면 고막이 손상된 지 14일 이내에 회복할 수 있습니다. 하지만 정확한 진단 없이 집에서 귀 세척제나 귀 소독제 등의 약물을

넣는다면 신경이 손상되어 상태가 나빠질 수 있습니다.

⑩ 건강에 이상이 있을 때 코에서 나타나는 증상은 무엇인가요?

개의 몸에 이상이 있으면 코에도 다음과 같은 변화가 일어납니다.

- 코가 건조하고 뜨거워진다.
- 콧물이 멈추지 않고 계속 나온다.
- 코피가 자주 나온다.
- 코가 갈라지고 표면에 딱지가 생긴다.
- 코의 색이 변한다.

⑪ 밤에 코 고는 소리가 너무 시끄러워요

개가 깊은 잠에 빠져 어느 정도 코를 고는 것은 정상입니다. 하지만 페키니즈, 시추, 퍼그 등 납작머리증인 개는 코 고는 소리가 유독 크고 오래 납니다. 또 과체중에 시달리는 개 역시 정상 체중의 개에 비해 코를 심하게 골 수 있습니다.

대부분 개는 목이 꺾인 상태에서 코를 골다가 산소 부족 상태가 되기 직전에 스스로 깨서 자세를 바꿉니

▲ 납작머리증인 퍼그는 특히 코 고는 소리가 크다.

다. 견주가 보기에 반려견이 시간이 오래 지나도 깨지 않는다면, 동영상을 촬영해서 수의사에게 문의해 보는 것이 좋습니다.

10장

정형외과

다리가 부러졌어요

반려견의 다리가 부러졌을 때 견주는 우선 흥분하지 말고 차분함을 유지해야 합니다. 그러고는 반려견 역시 지나치게 흥분하지 않도록 진정시켜야 합니다. 사고 현장이 소란스럽거나 사람들이 몰려들면 반려견이 분위기에 동요해서 감당하기 힘든 공포심과 통증이 유발될 수 있습니다. 더 나아가 위협을 당한다는 느낌을 받을 수 있습니다. 따라서 견주는 현장에 있는 사람들에게 진정해 달라고 요청해야 합니다. 그러고는 큰 소리로 얘기한다던가, 빠른 동작으로 반려견에게 다가간다던가, 낯선 사람들이 반려견을 뚫어지게 쳐다보는 일을 방지해야 합니다. 만약 상처가 열려서 출혈이 있을 때 반려견이 흥분하면 상태가 급속도로 악화할 수 있습니다.

또한 반려견이 엄청난 통증 때문에 이성

▲ 다리가 부러진 개

을 잃고 여기저기 뛰어다닐 수 있으므로 목줄을 해서 붙잡고 있어야 합니다. 이때 반려견의 몸을 잘못 만지면 반려견이 견주를 무는 사고가 발생할 수 있습니다. 따라서 입마개를 착용하거나 부드러운 줄로 입을 묶어야 합니다.

부러진 다리에 무리가 가지 않거나 체중이 실리지 않도록 도와주는 것도 중요합니다. 이를 위해서는 반려견을 운반하기 위

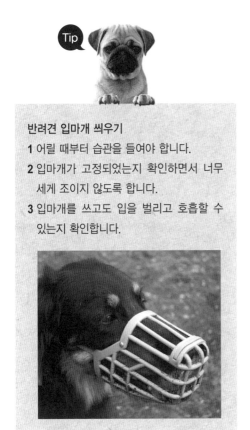

반려견 입마개 씌우기
1 어릴 때부터 습관을 들여야 합니다.
2 입마개가 고정되었는지 확인하면서 너무 세게 조이지 않도록 합니다.
3 입마개를 쓰고도 입을 벌리고 호흡할 수 있는지 확인합니다.

해 담요나 외투를 준비하고, 그 위에 반려견이 부러지지 않은 다리 쪽으로 눕도록 유도한 후 몸을 바둥거리지 않도록 잡아 주어야 합니다. 이때 반려견에게 차분하고 낮은 목소리로 말을 걸어 줍니다. 주의해야 할 점은 견주가 반려견의 부러진 다리를 직접 맞추려고 해서는 안 된다는 것입니다. 이는 오히려 상태를 악화시키고 걷잡을 수 없는 통증을 유발하기 때문입니다.

이러한 상태로 병원에 가서 진단 및 치료를 받도록 합니다. 방사선 검사는 반드시 받아야 합니다.

② 갑자기 침대 위로 뛰어오르지 못해요

침대, 소파, 자동차 등에 잘 뛰어오르던 반려견이 어느 날부터 뛰어오르지 못하고 머뭇거린다면 통증에 시달리고 있기 때문입니다. 관절염, 골절, 척추 디스크 등의 정형외과적 질병뿐만 아니라 복통, 자궁축농증, 상해에 의해서도 행동에 제약이 생길 수 있습니다.

통증은 삶의 질을 떨어뜨리고, 몸의 기능에 부정적인 영향을 끼칩니다. 따라서 통

179

증의 원인을 제대로 파악해 치료하는 것이 매우 중요합니다. 어느 날부터 반려견이 갑자기 침대 위로 뛰어오르지 못하는 행동을 보인다면 동물 병원을 찾아 정밀 검사를 받아 보는 것이 좋습니다.

③
한쪽 다리를 절어요

갑자기 어느 날부터 특별한 이유 없이 반려견이 다리를 절면 견주는 안절부절못하게 됩니다. 이럴 때는 조심스럽게 발가락부터 시작해서 위로 만지면서 살펴봅니다. 통증이 있는 부위를 만지면 반려견이 깜짝 놀라 견주를 물 수 있으니 특히 조심해야 합니다. 이를 방지하기 위해 입마개나 부드러운 끈으로 입을 묶는 것을 추천합니다. 발가락 사이에 이물질이 끼어 있지는 않은지, 발바닥이나 발가락에 벌레한테 물린 상처가 있는지, 발바닥이 베였거나 피부가 벗겨진 상처가 있는지, 발톱의 뿌리가 흔들리지는지 세밀하게 살펴보아야 합니다.

외형적으로 아무 문제가 없다면 관절염이나 탈구 등 정형외과적 진단 및 치료가 필요한 경우일 수 있습니다. 또는 견주가 보고 있지 않을 때 다리가 어딘가에 껴서 근육이나 골격에 손상이 왔을 수도 있습니다. 특정 부위가 붓거나 다른 부위보다 따뜻하다던가 특정 부위를 만질 때 통증을 호소하는 울음소리나 신음을 내거나 견주를 물려고 한다면 바로 동물 병원을 찾아야 합니다. 정확한 진단을 위해 어느 발을 어떻게 저는지, 보통 때와는 정확히 무엇이 다른지, 발을 전혀 딛으려하지 않는지 등의 정보가 필요합니다. 근육 부위가 바들바들 떨리는 모습, 앉고 일어서는 행동에 제한이 많고 힘들어하는 모습, 계단을 오르거나 내려가는 것을 거부하는 모습, 평소 성격과는 다르게 공격적이고 예민하게 반응하는 모습 등이 보이는지도 수의사에게 알려주어야 합니다.

우선 다리를 저는 반려견의 움직임에 제한을 둡니다. 리드 줄을 한 상태에서만 움직이도록 유도합니다. 만약 십자인대가 손상되었을 때 움직임에 제한을 두지 않으면 십자인대가 완전히 파열될 수도 있습니다.

또한 허리 디스크나 척추 분리증, 골육종(악성 골종양)이어도 다리를 절 수 있습니다. 따라서 다리 부위만 검진하는 것이 아니라 중추 신경이나 척추도 같이 정밀 검사해야 합니다.

엑스레이 촬영으로 알 수 있는 병은?

엑스레이를 찍으면 몸의 내부 구조를 확인할 수 있습니다. 가장 쉽게 변화를 확인할 수 있는 질환은 뼈와 관련 있는 근골격계 질환입니다. 성장 중인 개는 성장판을 확인할 수 있고, 골절은 대부분 바로 확인할 수 있습니다. 뼈에 종양이 생겼을 때도 엑스레이로 바로 확인할 수 있습니다.

노령견은 엑스레이를 통해 관절 부위에 생기는 퇴행성 변화를 확인할 수 있습니다. 하지만 엑스레이로는 연골이나 척추 사이의 디스크는 확인할 수 없으므로 디스크의 문제를 확인하려면 MRI 촬영을 해야 합니다.

몸의 내부 장기에 문제가 생겼을 때도 엑스레이 촬영을 하면 알 수 있습니다. 기침할 때는 흉부 엑스레이를 찍어서 기관지나 폐의 염증을 확인해 볼 수 있습니다. 심장에 문제가 있을 때도 엑스레이로 심장의 비대를 확인하고, 심장 질환에 의한 폐부종을 알아볼 수 있습니다. 간과 신장의 크기 이상과 신장이나 요관, 방광의 결석도 복부 엑스레이로 확인할 수 있습니다. 또한 위와 소장, 대장이 정상적인 크기인지 확인해 볼 수 있습니다.

④
슬개골 탈구 수술은 어떻게 하나요?

슬개골 탈구는 대퇴골(넙다리뼈)과 비골(종아리뼈)이 어긋나거나 유전적인 요소에 의해 생길 수 있습니다. 외부 충격이나 사고 때문에 일어나는 경우는 흔치 않습니다.

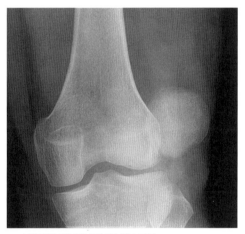

▲ 슬개골이 탈구된 무릎의 엑스레이

슬개골이 탈구되면 통증 때문에 다리를 절룩거리거나 발을 바닥에 못 디디게 됩니다. 슬개골 탈구의 상태는 1기부터 4기로 나눌 수 있습니다. 1기는 슬개골이 원위치를 벗어나도 곧 원위치로 돌아오는 상태입니다. 하지만 4기는 슬개골이 원위치에서 벗어나면 다시 원위치로 돌아오지 않는 매우 심각한 상태입니다. 1기에 수술하는 경우는 매우 드물고, 2~4기는 개의 몸 상태와 예후에 따라 수술할 수도 있습니다.

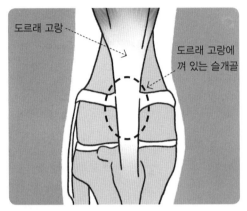

▲ 정상적인 무릎

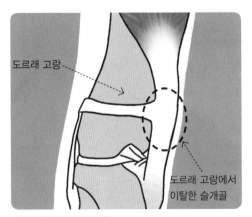

▲ 슬개골이 탈구된 무릎

대부분은 수술한 이후 평생 또한 오랫동안 슬개골이 원위치에서 벗어나지 않지만, 가끔 재발하는 경우도 있습니다. 중요한 것은 수술 이후의 관리입니다.

견주는 수술 이후에 반려견이 갑작스럽게 침대, 소파, 자동차에 뛰어오르거나 계단을 오르락내리락하는 것을 피할 수 있도록 도와주어야 합니다. 또한 뒷다리의 근육이 튼튼해질 수 있도록 수영이나 적당한 산책을 하도록 하고, 과체중 때문에 무릎에 무리가 가지 않도록 해 줍니다.

⑤ 다리를 만지면 고통스러워해요

반려견이 다리를 만지면 낑낑대는 소리를 내거나 손을 피한다면 반려견 다리의 어느 부위에 문제가 있는지 확인해야 합니다. 반려견이 통증을 느끼는 다리에 피부가 손상된 부위가 있는지 발바닥부터 천천히 살펴봅니다. 발톱이 흔들리거나 발톱 뿌리 부분에 출혈이 있지는 않은지, 발바닥에 이물질이나 날카로운 물질이 박혀 있지는 않은지, 털 속 어딘가에 상처가 있지는 않은지 구석구석 살펴봅니다. 맨눈으로 보았을 때 이상한 점이 없다면 관절이나 골격에 문제가 있지 않은지 동물 병원에서 방사선 촬영을 해 보아야 합니다.

⑥
노령견이 갑자기
계단을 못 올라요

노령견이 어느 날 갑자기 계단을 못 뛰어오른다면 우선은 정형외과적인 문제를 의심해 보아야 합니다. 물론 앞다리보다는 뒷다리의 문제일 것입니다.

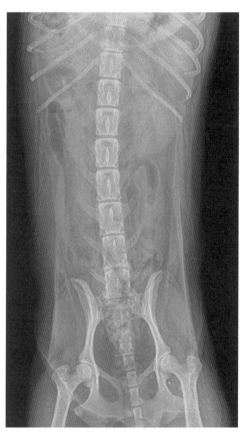

▲ 노화 때문에 척추 디스크가 경화된 모습을 보이는 엑스레이

먼저 발가락, 발목, 무릎 관절, 고관절 등 모든 관절에 문제가 없는지 찬찬히 살펴보아야 합니다. 하지만 눈으로 살펴보는 것으로는 충분하지 않고, 방사선 촬영 등을 해보아야 합니다. 대부분 방사선 촬영으로 진단이 내려지지만, 가끔 다른 검사가 필요할 수도 있습니다.

노령견이면 퇴행성 질환도 의심해 볼 수 있습니다. 하지만 증상이 갑자기 나타나면 나이와 상관없이 골절이나 인대 파열, 고관절 탈구와 같은 질환의 감별이 꼭 필요합니다.

많은 개의 뒷다리에 생기는 대표적인 정형외과적 문제는 슬개골 탈구입니다. 슬개골 탈구는 사람의 무릎뼈에 해당하는 슬개골이 제자리에 있지 못하고, 안쪽이나 바깥쪽으로 탈구되는 질환입니다.

슬개골 탈구는 진행성·퇴행성 질환이어서 상대적으로 노령견에게서 많이 나타납니다. 하지만 유전적 소인이 있으면 한 살 미만의 비교적 어린 개에게도 나타날 수 있습니다.

노령견이 뒷다리의 운동 장애를 보이는 또 다른 원인은 척추 쪽의 질환입니다. 척추는 두개골에서 꼬리까지 연결되어 몸의 중심을 이루는 여러 개의 뼈를 말합니다. 척추는 경추, 흉추, 요추의 순으로 되어 있습니다. 뒷다리 장애는 대부분 요추에서 문제가 발생한 경우입니다.

모든 척추와 척추 사이에는 디스크 또는 추간판이라고 불리는 구조물이 있습니다. 이 디스크는 뼈가 서로 닿지 않게 하고, 충격을 완화하는 역할을 합니다. 디스크가 퇴행성 변화를 보여서 딱딱하게 변성되거나, 제 위치에 있지 못하고 튀어나오는 것을 추간판 탈출증이라고 합니다. 추간판 탈출증이 생기면 디스크가 신경을 눌러서 통증이나 운동 장애 등의 증상이 나타납니다. 급성 염증에 의한 추간판 탈출증일 때는 최대한 빨리 적극적으로 치료해야 좋은 예후를 기대할 수 있습니다.

다른 원인일 때는 휴식과 적절한 약물 처치가 도움을 줄 것입니다.

⑦ 허리 디스크는 어떻게 예방하나요?

갯과의 동물들은 무리로 평지를 다니며 생활했습니다. 하지만 현대의 개들은 실내에서 뛰놀며 침대나 소파 혹은 계단 같은 곳을 오르락내리락합니다. 바로 이것 때문에

디스크가 발생합니다.

평지를 네발로 걸어 다녀야 하는 동물이 점프를 많이 하거나 두 발로 서서 걷는 행동을 많이 하거나 계단을 많이 오르내리고 침대나 소파로 뛰는 행동을 자주 한다면 허리에 무리가 갑니다. 그러면 결국 척추와 척추 사이에 있는 디스크가 경화되어 터져 버리게 됩니다.

▲ 허리 디스크를 앓고 있는 개

이러한 디스크 질환은 갑자기 나타납니다. 따라서 반려견이 갑자기 구석에 숨어서 안 움직이거나, 안으려고 하면 놀라거나, 식욕이 없고 걸음걸이가 이상해지거나, 높은 곳에 오르내리는 것을 주저하고, 심할 때는

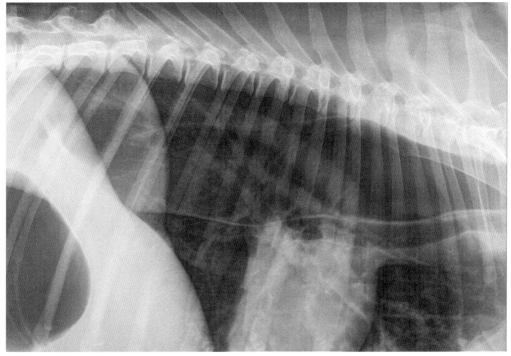

▲ 디스크 질환은 엑스레이와 MRI 검사 등을 통해 확진할 수 있다.

주저앉아 버린다면 바로 병원에 데려가야 합니다.

디스크는 빠른 조치가 생명입니다. 즉, 치료에 골든타임이 있습니다. 최소 48시간 이내에 치료하면 회복률이 아주 높습니다. 치료는 증상에 따라서 수술하거나 주사와 먹는 약으로만 진행하기도 합니다.

디스크를 예방하는 방법은 간단합니다. 허리에 무리가 안 가게 해 주면 됩니다. 계단을 오르내리지 않도록 하고, 산책은 평지로만 다니고, 침대나 소파에는 계단을 놓아 주어서 뛰어오르거나 뛰어내리지 않게 합니다. 특히 비만해지지 않게 관리하는 것이 가장 중요합니다.

11장

응급 의학

① 숨을 쉬지 않아요

갑작스러운 사고, 과다 출혈, 감전, 열사병, 또는 알 수 없는 원인때문에 반려견이 숨을 안 쉬고 누워 있다면 동물 병원으로 빨리 옮겨야 합니다.

이때 개는 흉부가 전혀 움직이지 않고, 이름을 크게 부르거나 큰 박수 소리를 내거나 귀를 꼬집어도 아무런 반응을 보이지 않습니다. 반려견의 상태가 이렇다면 견주는 반려견의 잇몸을 꾹 눌렀다가 떼어서 분홍빛 잇몸이 하얗게 되었다가 2초 내로 다시 분홍빛이 되는지 확인해야 합니다. 또한 반려견의 동공이 빛에 반응하는지도 확인해봅니다. 반응하지 않는다면 일분일초라도 빨리 심폐소생술을 시행해야 합니다.

심폐소생술을 하기 전에 동물 병원에 미리 연락해서 수의사가 미리 치료를 준비할 수 있도록 합니다. 가능하다면 동물 병원에 가는 도중에 심폐소생술을 시행하도록 합니다.

또한 심폐소생술을 시행하기 전에 생명에 위협이 되었던 요소들을 처리해야 합니다. 혹시 입안과 후두 부분에 이물질이 고여 있거나 걸려 있다면 제거합니다. 또한 출혈

이 있다면 출혈 부위를 깨끗한 천이나 수건, 붕대로 꽉 조여 줍니다.

심폐소생술을 시행할 때는 두 사람이 함께하는 것이 더욱 효과적입니다. 한 명은 심장 마사지를 하고, 한 명은 개의 코에 숨을 불어 넣는 역할을 합니다. 견주 혼자서 심폐소생술을 해야 한다면 심장 마사지와 숨 불어 넣기를 번갈아 가며 해야 합니다. 중간중간에 숨이 돌아오는지, 개 스스로 숨을 쉬는지 확인해서 숨이 돌아오면 심폐소생술을 멈춥니다.

응급 상황 때 사람은 구강 대 구강법을 실시하지만, 개에게는 구강 대 비강법을 실시합니다.

▲ 구강 대 비강법

우선 개의 입을 꽉 잡고, 얇은 천이 있다면 개의 코 위에 올려놓습니다(위생상의 이유로 권장합니다). 그러고는 개의 코에 입을 대고 바람을 조심스럽게 불어 넣습니다. 이때 개

의 흉부가 부풀어 오르는지 확인합니다. 바람은 1분에 20~30번 정도의 주기, 즉 2~3초에 한 번씩 불어 넣습니다.

▲ 심장 마사지

심장 마사지를 할 때 가장 중요한 점은 심장이 뛰고 자가 호흡이 있을 때 하면 안 된다는 것입니다. 즉, 심장 마사지를 연습한다고 건강한 개를 대상으로 심장 마사지를 하면 안 됩니다. 심장 마사지를 할 때는 손가락 두 개나 세 개 정도를 사용합니다. 소형견은 한 손, 대형견은 두 손을 모두 사용합니다. 개는 왼쪽 옆구리가 하늘을 향하도록 옆으로 눕힙니다. 순간적으로 흉부를 눌렀다가 팅기듯이 손을 뗍니다. 소형견은 1초에 2회, 대형견은 1초에 1회 정도 실시해 주어야 합니다.

심장 마사지를 30번 정도 한 후 숨 불어 넣기를 2회 실시합니다. 두 가지를 한 사람이 할 수 없다면 심장마사지에 더 집중합니다. 개의 호흡이 돌아오면 심장 마사지와 숨 불어 넣기를 멈춰야 합니다.

과다 출혈이 일어났어요

과다 출혈은 날카로운 것에 찔리거나 교통사고가 났을 때 발생할 수 있습니다. 이때 개는 충격을 받아서 자신의 행동을 통제하지 못할 수도 있습니다. 견주는 이러한 반려견을 차분하게 진정시키고, 주변인들이 과민 반응을 보이지 않도록 해야 합니다. 또한 견주는 반려견이 흥분해서 여기저기 돌아다니지 않도록 리드 줄을 매 주어야 합니다. 반려견이 통증 때문에 공격성을 보일 수 있으므로 입마개나 끈으로 입을 묶어 줍니다. 단, 숨을 편히 쉴 수 있도록 너무 조이지 않게 묶어야 합니다.

그런 후 깨끗한 천이나 붕대로 상처 부위를 감싸서 출혈이 멈추도록 도와줍니다. 만약 이러한 방법으로도 출혈이 멈추지 않고 꼬리나 다리 부위에서 과다 출혈이 일어난다면, 상처 바로 윗부분을 고무 끈이나 신발 끈 또는 스타킹이나 넥타이 등으로 꽉 조여 매야 합니다. 이때 매우 중요한 점은 10분 이상 조이면 안 된다는 것입니다. 10분 후에는 잠시 풀었다가 다시 묶어 줍니다. 만약 10분 이상 계속 조이면 혈액을 통한 산소 공급이 끊겨 조직에서 괴사가 일어날 수 있습니다. 응고된 혈액이나 혈액의 이물질이 떠돌아 다니다가 혈관을 막아버리는 색전증을 일으킬 수도 있습니다. 따라서 이 방법은 압박으로도 도저히 출혈이 멈추지 않을 때 마지막으로 실행해야 합니다.

과다 출혈이 있을 때는 주기적으로 호흡을 하는지 심장이 뛰는지 확인해야 합니다. 주변에 도움을 청할 사람이 있다면 제일 가까운 동물 병원에 연락해서 수의사가 응급 상황에 준비할 수 있도록 요청합니다. 병원으로 가는 도중에는 저체온증이 오지 않도록 담요나 옷으로 감싸 주어야 합니다.

③
일사병으로 쓰러졌어요

일사병이란 개의 머리 부분이 과열되어 치명적인 뇌 손상을 일으킬 수 있는 질병입니다. 즉, 일사병이 매우 심할 때는 생명을 앗아갈 수 있는 뇌부종이 생기기도 합니다. 더 나아가 뇌의 혈액순환에 막대한 영향을 끼쳐 뇌출혈까지 유발할 수 있습니다. 일부 견주는 자동차와 같은 실내에서 에어컨을 틀면 반려견이 일사병에 걸리지 않을 것이라고 생각합니다. 하지만 강한 햇빛이 자동차 내부를 채우고 반려견의 머리에 내리쬔다면 에어컨을 틀었더라도 일사병에 걸릴 수 있다는 사실을 잊지 말아야 합니다.

일사병과 열사병의 차이는 다음과 같습니다. 일사병은 뇌의 온도가 올라가는 것이고, 열사병은 체온이 과도하게 올라가는 것입니다. 또한 일사병은 뜨거운 햇빛에 직접적으로 노출되어서 발병하지만, 열사병은 햇빛뿐만 아니라 과열된 온도의 영향을 받아 발병되는 것입니다.

일사병과 열사병은 동시에 올 수도 있습니다. 예를 들어 개가 그늘 하나 없이 뜨거운 햇살 아래에서 짧은 줄에 묶여 있다면 일사병과 열사병에 걸릴 수 있습니다.

일사병에 걸리면 체온은 정상이지만 맥박이 매우 빠르고, 낮고 가쁜 숨을 내쉽니다. 또한 경련이 일어나고, 몸의 균형을 잃고 비틀거리며, 사물 인지 능력이 떨어지고 더 나아가 의식 불명 상태에 빠질 수도 있습니다. 따라서 일사병이 의심된다면 동물 병

▲ 일사병이 의심된다면 일단 개를 눕힌 후, 숨을 편히 쉬도록 혀를 살짝 빼 주고 입을 열어 주어야 한다.

원에 연락해서 수의사에게 다음과 같은 상황을 미리 알려 주어야 합니다. 개의 잇몸을 손가락으로 눌러 하얗게 되었다가 다시 본래의 색(옅은 분홍색)으로 돌아오는 데 2초 이상 걸리는지, 심장 박동이나 맥박이 1분에 얼마나 빨리 뛰는지, 1분 동안 낮고 빠른 숨을 얼마나 쉬는지, 탈수가 일어나진 않았는지는 등을 알리면 됩니다.

응급 처치 방법은 다음과 같습니다. 우선 주변 사람들이 흥분해서 큰 소리를 내고

당황하지 않도록 요청합니다. 그리고는 개를 그늘로 옮겨 오른쪽이 바닥에 닿도록 몸을 옆으로 눕힙니다. 숨을 편히 쉴 수 있게 목이 꺾이지 않도록 하고, 혀를 옆으로 살짝 빼 주고 입을 조금 열어 줍니다.

개가 의식이 있을 때는 물을 마실 수 있도록 도와 주어야 합니다. 이때 억지로 물을 먹여서는 안 됩니다. 억지로 입안에 물을 부으면 물이 폐로 들어갈 수 있습니다. 그리고 개에게 스트레스가 될 수 있는 상황을 모두

방지하는 것이 좋습니다. 또 물에 적신 손수건 또는 수건을 머리 위와 몸에 올려줍니다. 물로 개의 발바닥을 적시고, 천천히 다리에서부터 몸 위쪽으로 적셔 줍니다. 갑자기 차가운 물을 개의 온몸에 끼얹는 것은 꼭 피해야 합니다.

여름철 건강 관리 방법

여름에는 모기나 진드기 등 각종 유해 곤충이 많아집니다. 따라서 심장 사상충 예방약을 철저히 복용시키고 외부 기생충 구제제 등을 발라 미리 기생충에 대비해야 합니다.

습식 사료는 쉽게 상하므로 다 먹은 것을 확인하고 출근하거나 얼음 속에 사료 캔을 묻어두어야 합니다. 또한 실내견도 더위를 느끼므로 얼음물이나 얼음 덩어리를 놓아주면 더위를 이기는 데 도움이 됩니다.

많은 사람이 모든 개가 수영할 줄 안다고 생각합니다. 모든 개가 물에 뜨기는 하지만, 그렇다고 전부 수영할 수 있는 것은 아닙니다. 더구나 파도나 물결이 세다면 작은 개는 익사할 수 있습니다.

여름철에 나는 과일인 자두나 복숭아 등의 씨를 먹어서 수술하는 경우도 많습니다. 따라서 이런 씨는 개가 찾을 수 없는 곳에 버려야 합니다.

일사병은 예방할 수 있는 질병입니다. 한여름에는 개를 그늘이 없는 곳에 오랫동안 묶어 놓지 말아야 합니다. 또한 뜨거워진 아스팔트 위에서 오랫동안 산책하는 것을 피해야 하고, 산책하더라도 중간중간 그늘에서 쉬도록 해 주어야 합니다. 될 수 있으면 한여름에는 대낮에 산책하는 것을 피하고, 이른 아침이나 늦은 저녁에 산책하도록 합니다. 그리고 산책 중간에 언제든 물을 충분히 마실 수 있도록 개 전용 물병을 가지고 다녀야 합니다.

열사병은 무엇인가요?

체온이 과도하게 올라가서 열사병에 걸리면 순환계에 이상이 발생해서 죽음에 이를 수도 있습니다. 한여름에 자동차 안에 개를 내버려 두면 열사병에 걸리기 쉽습니다. 견주가 내릴 때 자동차 안의 온도가 25℃였더라도 태양열과 외부 온도 때문에 한 시간 뒤 자동차 안의 온도는 70℃가 될 수 있습니다.

또 매우 더운 대낮에 과도한 운동과 놀이를 해서 체온이 급상승했는데 환기가 안 되고 가열된 실내 공간에 갇힌다면 열사병에 걸릴 확률이 높습니다.

사람은 온몸에 땀샘이 있어 땀을 배출하면서 체온을 조절합니다. 하지만 개는 극히 일부 부위(발바닥, 콧부리)에만 땀샘이 존재하고, 호흡으로 체온을 조절합니다. 개는 체온 조절을 위해 많은 에너지가 필요하고, 갈증이 생겨서 물을 많이 마셔야 합니다. 개의 정상적인 체온은 37~38℃입니다. 만약 43℃까지 체온이 올라간다면 생명이 위태롭습니다.

열사병의 증상으로는 매우 빠른 헐떡임, 빠른 맥박, 낮고 빠른 호흡, 고열, 창백한 잇몸, 탈수, 구토, 경련, 균형 상실, 비틀거리면서 걸음, 인지 능력 저하, 의식 불명 상태 등이 있습니다.

응급 처치 방법은 일사병과 비슷합니다. 우선 열사병에 걸린 개를 시원한 곳으로 옮겨 편한 자세로 눕힙니다. 숨을 편히 쉴 수 있도록 입을 살짝 벌려 주고, 혀를 옆으로 꺼내 놓습니다. 개가 의식이 있다면 너무 차갑지 않은 물을 마실 수 있게 해 줍니다. 단, 너무 많은 양의 물을 단시간에 마시지 않도

▲ 한여름에 자동차 안에 개를 혼자 두면 열사병에 걸리기 쉽다.

록 도와줍니다. 예를 들어 그릇에 소량의 물을 따라서 개가 다 마시면 다시 소량을 따라 주는 것을 반복하면 됩니다. 이때 중요한 점은 개가 마시고 싶어 하는 만큼 물을 천천히 마실 수 있도록 해 주는 것입니다. 억지로 개의 입에 물을 부어 넣는 일은 꼭 피해야 합니다. 의식이 없거나 물을 마실 기력이 없는 개의 입에 물을 부어넣게 되면 기도로 물이 들어가 폐에 도달하게 되어 호흡기가 손상되거나 더 나아가 생명을 잃어 위태로울 수 있습니다.

열사병 역시 예방할 수 있는 질병입니다. 그늘이 없는 땡볕 아래에 장시간 개를 묶어 놓지 말아야 하고, 폐쇄되고 가열된 공간에 개를 혼자 두지 않아야 합니다.

⑤
화상을 입었어요

달궈진 냄비(주방 용품), 끓는 물, 불이 붙은 초, 모닥불과 같이 우리 주변에는 개가 화상을 입을 수 있는 환경이 적지 않게 있습니다.

화상을 입은 개는 극심한 통증 때문에 이성을 잃고 제어가 안 되는 행동을 할 수 있습니다. 따라서 리드 줄을 연결하고, 입마

개나 부드러운 끈으로 입을 묶어 줍니다. 견주가 먼저 차분함을 유지해야 하고, 반려견이 진정할 수 있도록 목소리를 낮춥니다.

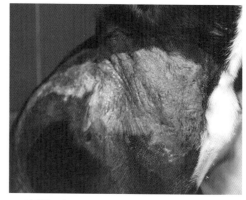

▲ 화상을 입어 붉게 변한 개의 피부

응급 처치 방법은 다음과 같습니다. 화상을 입은 부위에 흐르는 물이 닿도록 해서 피부를 식혀야 합니다. 이때 사람이 쓰는 화상 연고를 임시로 사용해서는 안 됩니다. 물집이 잡혔을 때는 물집을 일부러 터뜨려서도 안 됩니다. 만약 피부가 손상되어 열린 상처가 있다면 깨끗한 수건이나 거즈(될 수 있으면 멸균 거즈)로 상처를 덮어 줍니다. 또한 개가 화상을 입은 부위를 핥지 않도록 해야 합니다.

심각한 화상은 조직의 괴사와 2차 세균 감염을 일으킬 수 있습니다. 화상의 정도는 수의사가 판단할 수 있으므로 개가 화상을

입었다면 지체하지 말고 수의사를 찾아야 합니다. 화상을 내버려 두면 상처가 악화되어 치료가 더욱 어려워질 수 있습니다.

⑥
개방 골절로 너무 아파해요

부러진 뼈 일부가 피부를 뚫어 피부가 열리거나 근육이 보이는 것을 개방 골절이라고 합니다. 견주는 반려견의 부러진 뼈를 원위치로 맞추려고 해서는 안 됩니다. 이로 말미암아 상태가 나빠질 수 있고, 반려견은 극심한 통증을 느끼게 됩니다.

개방 골절일 때 수의학적 처치를 하지 않으면 열린 상처를 통해 세균 감염이 일어나고, 더 나아가 죽음에 이를 수도 있습니다. 개방 골절로 말미암은 극심한 통증에 시

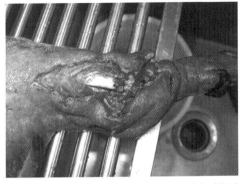

▲ 개방 골절이 발생했을 때 견주가 직접 부러진 뼈를 맞추려고 해서는 안 된다.

달릴 때는 견주의 손길조차 거부하고, 심할 때는 견주를 물 수도 있습니다. 따라서 리드줄을 하고, 입마개나 끈으로 입을 묶도록 합니다.

또한 골절 부위에 무리가 가지 않도록 개를 진정시키는 것이 매우 중요합니다. 열린 상처에는 멸균 거즈나 깨끗한 거즈를 덮어서 이물질이 들어가지 않도록 합니다. 그런 후 견주는 빨리 동물 병원으로 개를 데리고 가야 합니다. 이때 골절된 다리가 무언가에 눌리지 않도록 유의합니다.

⑦
이물질을 먹었어요

이물질을 삼키는 현장을 보호자가 목격하는 경우는 그나마 나은 상황입니다. 적어도 무엇을 먹었는지 알 수 있기 때문입니다. 이물질은 건전지, 장난감, 양말 등 식품이 아닐 수도 있고, 개 껌과 같은 간식을 먹다가 큰 덩어리가 호흡기나 위장 기관에 걸릴 수도 있습니다. 이러한 이물질은 기도를 막을 수 있고, 위장에 천공을 일으킬 수도 있습니다. 또한 특정 이물질은 위산에 의해 녹을 수 있는데, 녹으면서 유해 물질이 유출되어 몸 안에 퍼질 수 있습니다. 위장에

걸린 이물질을 내버려 두면 염증이 생기고, 더 나아가 조직의 괴사가 일어날 수 있습니다. 유리 조각이나 면도칼 조각 등 날카로운 부위가 있는 이물질을 먹었을 때는 식도에서부터 상처나 천공이 생길 수 있습니다. 이때는 신속하게 동물 병원으로 데려가야 합니다.

만약 견주가 보지 않을 때 이물질을 삼켰다면 복부에 통증을 느끼거나 식욕을 상실하는 모습을 보일 수 있습니다. 이럴 때는 장난감이나 스타킹, 양말, 속옷 등이 없어지지 않았는지, 깔개 일부가 뜯겨 있지 않은지 등을 확인해 보아야 합니다.

이물질이 후두나 기도 등의 호흡 기관에 걸렸을 때 나타나는 증상은 다음과 같습니다. 구토하려고 하거나 주둥이를 계속 어딘가에 비빌 수도 있습니다. 입안에 먹을 것이 없는데 꿀꺽꿀꺽 삼키는 행동을 하거나 삼키는 행동을 힘들어합니다. 입을 계속 벌리고 있거나 재채기 또는 기침을 할 수도 있습니다. 또한 숨을 쉴 때 휘파람 소리처럼 바람이 새는 소리가 들립니다. 숨을 제대로 못 쉬고 괴로워할 수도 있습니다.

이물질이 위장 기관에 있을 때의 증상은 다음과 같습니다. 물과 사료 섭취를 거부하거나 사료를 먹은 이후에 구토하거나 무기력한 모습을 보입니다. 대변을 보지 않거나 복부를 만지지 못하게 하거나 복부 근육을 단단하게 수축시키는 행동을 할 수도 있습니다.

견주는 집에서 반려견이 강제로 구토하도록 손써서는 안 됩니다. 강제로 구토하면 위의 내용물이 입 밖으로 나오지 않고 기도로 역류해서 들어갈 수 있기 때문입니다. 구토를 유발하는 처치는 수의사가 모든 상황을 대비하고 하여야 합니다.

만약 개가 신발 끈이나 장식 줄과 같은 이물질을 먹은 이후 대변을 볼 때, 항문에 이물질 일부가 보여도 직접 이물질을 잡아당겨서는 안 됩니다. 이물질이 장 속 어딘가에 걸려 있는데 힘으로 잡아당기면 장의 내부 조직에 심각한 손상이 생길 수 있기 때문입니다.

이물질은 개의 몸에 박힐 수도 있습니다. 예를 들어 나뭇조각이 흉부에 박혔을 때는 견주가 직접 나뭇조각을 빼지 말아야 합니다. 나뭇조각은 혈관이나 폐에 박혀 있을 수도 있습니다. 이러한 사실을 모르는 상태에서 나뭇조각을 제거하면 내부 출혈이 일어나 갑자기 상태가 악화될 수도 있습니다. 따라서 이럴 때는 이물질이 더 들어가거나 움직이지 않도록 붕대로 감거나 천으로 감싸 줍니다. 그런 후 신속하게 제일 가까운 동물 병원으로 가야 합니다.

개가 열심히 냄새를 맡다가 풀 조각, 작은 돌, 벌레 등의 이물질이 콧속으로 들어갈 수도 있습니다. 이때 개는 이물질을 빼내기 위해 반사적으로 재채기를 합니다. 대부분은 재채기를 통해 이물질이 나오게 됩니다. 하지만 반복되는 재채기에도 이물질이 콧속에서 나오지 않고 심지어 코피까지 흐른다면 지체하지 말고 동물 병원으로 가야 합니다.

이물질이 눈에 들어가면 눈을 계속 깜빡거리거나 앞발로 눈을 비비거나 어쩔 줄 몰라 하는 행동을 보입니다. 이때 눈은 빨갛게 변하고, 눈물이 평소보다 많이 분비됩니다.

이물질이 발바닥에 끼는 일이 발생할 수도 있습니다. 유리 조각, 가시, 심지어 진드기와 같은 기생충이 발바닥 사이나 피부에 박힐 수 있습니다.

이물질이 기도나 식도로 들어가지 않게 하려면 작은 조각의 장난감을 먹는 일이 없도록 해야 합니다. 또한 돌이나 짧은 나뭇가지를 가지고 놀이해서는 안 됩니다. 그리고 실제 동물의 뼈를 주는 것보다는 닭, 소, 돼지의 피부를 이용해서 만든 개 껌을 간식으로 제공하는 것이 좋습니다.

⑧ 개가 먹지 말아야 하는 음식은 무엇인가요?

• 알코올

알코올이 개의 몸에 들어가면 사람처럼 생화학적 반응이 일어납니다. 하지만 개에게는 사람처럼 알코올을 분해할 수 있는 효소가 거의 없습니다. 그래서 극소량의 알코올을 먹어도 구토나 호흡 곤란 증세가 나타나고 의식 불명에 이르다가 결국 죽을 수도 있습니다. 알코올은 개에게 독이나 다름없습니다.

• 아보카도

아보카도에는 퍼신(Persin)이라는 성분이 있습니다. 사람은 이 성분을 분해할 수 있어서 건강에 문제가 생기지 않지만, 개에게는 설사와 구토 증상을 동반한 위장 장애를 일으킬 수 있습니다. 또한 개가 아보카도의 씨를 삼키면 식도에 걸리는 응급 상황이 생길 수 있습니다.

• 양파와 마늘

양파와 마늘에
는 유화프로필
알린(Allyl propyl
disulphide)과 N-유
화프로필(N-propyl
disulphide)이라는

성분이 있습니다. 이 성분은 개의 적혈
구를 파괴해 빈혈을 일으킵니다.

• 카페인 성분이 들어 있는 음료수(커
피, 차 에너지 드링크 등)

카페인은 전문 용어로 메틸잔틴
(Methylxanthine)이라고 불립니다. 메틸
잔틴은 혈압을 상
승시키고, 맥박이
빨리 뛰게 하며,
혈관을 좁힐 뿐만
아니라 중추 신경

계의 반응 속도에 영향을 끼칩니다. 따
라서 개는 카페인 중독일 때 안절부절
못하며, 경련을 일으키고 벌벌 떱니다.
또한 열이 오르고 심장 박동이 불규칙
하게 뛰며 구토, 설사, 갈증에 시달리
게 됩니다.

• 포도와 건포도

개가 포도와 건포도
를 먹으면 설사와
구토에 시달리게 됩
니다. 심할 때는 신
부전에 걸릴 수도
있습니다.

• 우유와 유제품

우유에는 사람에게 중요
한 단백질과 비타민이
들어 있습니다. 이는 사
람뿐만 아니라 개의 건
강에도 도움을 줍니다. 단, 우유에는

많은 젖당(락토오스)이 들어 있는데, 대
부분 개는 젖당을 소화하지 못해서 설
사 증상을 보입니다. 따라서 젖당이 없
는 우유나 유제품 이외에는 먹이지 않
는 것이 좋고, 먹일 양은 수의사와 상
담한 후에 결정하는 것이 좋습니다.

• 견과류

견과류는 과다하게
섭취하면 신장에
손상을 입힐 수 있

는 인(Phosphorus)을 많이 함유하고 있

습니다. 또한 견과류에는 많은 양의 식물성 기름이 들어가 있습니다. 이러한 성분은 개에게 불필요할 뿐만 아니라 소화 장애를 일으킬 수 있습니다.

• 초콜릿

초콜릿은 카카오 함량이 높을수록 개에게는 독으로 작용합니다. 카카  오에는 푸린 알칼로이드(Purine alkaloid)인 테오브로민(Theobromine)이 함유되어 있습니다. 테오브로민은 중추 신경계에 영향을 끼쳐 경련을 일으키고, 혈액 순환에 부정적인 작용을 일으켜 심장에 무리를 줍니다. 따라서 개가 초콜릿을 먹으면 설사와 구토 증상을 보일 수 있고, 안절부절못하면서 물을 계속 마시게 됩니다.

• 익히지 않은 돼지고기

돼지고기에는 오제스키(Aujeszky) 바이러스가 존재  할 수 있습니다. 이는 사람에게는 해롭지 않으나 개에게는 치명적으로 작용

합니다. 오제스키 바이러스는 60℃ 이상의 온도에서 파괴되므로 돼지고기를 삶거나 구워서 먹도록 해야 합니다. 이 바이러스에 감염되면 중추 신경계에 염증이 생기고 심각한 간지러움, 경련, 마비, 의식 불명의 증상을 보이다가 일주일 이내에 죽게 됩니다.

• 자일리톨

자일리톨은 개의 췌장에서 인슐린 분비를 촉진시켜 급격한 저혈당을 일으킬 수 있습니다. 또한 많은 양은 간 손상도 일으킬 수 있습니다.

⑨
감전 사고가 일어났어요

개가 강한 전기와 접촉하면 심각한 화상을 당하거나 생명을 앗아 갈 수 있는 쇼크 상태에 이를 수 있습니다.

집 안에서는 전선을 물었을 때, 전기 콘센트를 물고 뜯거나 발로 긁었을 때, 전기 제품을 수십 차례 씹어서 망가뜨릴 때 감전될 수 있습니다.

감전되었을 때의 증상으로는 화상, 오들오들 떠는 모습, 경련, 의식 불명, 쇼크 상태,

심장 정지 등이 있습니다.

　화상을 당했다면 흐르는 물로 해당 부위의 온도를 낮춰 주어야 합니다. 쇼크 상태에 빠졌다면 응급 처치를, 심장 정지가 일어났다면 심폐소생술을 해 줍니다. 그런 후 제일 가까운 동물 병원에 연락해서 치료를 미리 준비할 수 있도록 합니다.

⑩ 벌레에 물렸어요

　어떤 종류의 벌레가 개의 어느 부위를 물었느냐에 따라서 심각성이 달라집니다. 벌이 입안으로 들어가 후두 부위를 쏘면 후두가 부어올라서 숨을 쉴 수 없게 됩니다.

　개는 호기심으로 벌레를 잡아서 먹거나 사료 위에 벌레가 앉아 있어 의도치 않게 먹기도 합니다. 이때 벌레가 구강 내나 후두 및 인두 부위를 쏘게 됩니다.

　벌레에 물리면 알레르기 반응이 일어나고, 생명을 위협하는 상태에까지 도달할 수 있습니다. 만약 벌침이 개의 입안이나 피부에 박혔다면, 핀셋으로 온전히 제거해 주어야 합니다. 이때 눈에 보이는 윗부분만 끊어서 제거하면 안 됩니다. 벌레가 피부 겉을 물어서 해당 부위가 부풀어 오른다면, 얼음

찜질이나 흐르는 차가운 물로 해당 부위를 식혀줍니다. 벌레가 구강을 쏘았을 때는 얼음덩어리나 얼음 조각으로 부어오름을 방지해 줍니다. 또한 벌레가 구강이나 인두에 남아 있다면 즉시 제거해 줍니다.

▲ 벌이 구강을 쏘아서 입이 부은 개

　만약 개가 벌레를 먹고 구강이나 후두 및 인두 부위에 물리거나 벌레가 식도에 걸리는 상태라면 개는 멈추지 않고 계속 헛구

역질을 하거나 구토를 하게 됩니다. 더 나아가 숨을 쉬지 못하는 것처럼 입을 벌리고 헐떡이며 안절부절 못하다가 산소 부족으로 쇼크 상태에까지 빠질 수 있습니다. 개가 쇼크 상태에 빠졌다면 응급 처치를 해야 하고, 심장이 정지되었다면 심폐소생술을 해 주어야 합니다. 과민성 쇼크에 빠지면 생명이 매우 위험합니다. 따라서 바로 수의사에게 데려가야 합니다. 수의사는 알레르기 반응을 보일 때 투여하는 약물을 처방할 수 있지만, 질식사 위험이 있을 정도로 인두가 부었는데 약물로 부기를 바로 빼지 못할 때는 응급 기관 절개술을 실시할 수도 있습니다.

벌레가 개의 입에 들어가는 것을 예방하기 위해서는 강아지 때부터 벌레를 입으로 잡으려고 하는 행동을 제지해야 합니다. 그리고 습식 사료나 벌레가 모여들 수 있는 사료를 그릇에 담아 두지 말아야 합니다.

⑪
저체온증에 걸렸어요

털이 짧거나 젖어 있는 경우 외에도 건강에 이상이 생기거나, 날씨가 습하고 춥거나, 외부에서 오랫동안 눈을 맞았거나, 폭풍우가 휘몰아치거나 강풍이 불 때 저체온증

에 걸리기 쉽습니다.

저체온증에 걸리면 몸을 바들바들 떨고, 숨을 낮게 쉬고, 맥박이 약하게 느껴지고, 코, 귀 끝, 발바닥, 꼬리 끝부분이 매우 차갑고, 쇼크로 인한 의식 불명에 빠질 수 있습니다. 코, 귀 끝, 발바닥, 꼬리 끝부분이 창백하면서 푸르스름하게 변할 수 있고, 부어오를 수도 있습니다.

▲ 오랫동안 몸이 젖어 있거나 추운 곳에 있으면 저체온증에 걸리기 쉽다.

반려견이 저체온증에 걸렸다면 즉시 따뜻한 장소로 옮겨야 합니다. 반려견이 젖어 있다면 헤어드라이어나 수건으로 꼼꼼히 말려 주어야 합니다. 그런 후 따뜻하고 건조한 깔개 위에 눕히고 따뜻한 담요로 온몸을 덮어 줍니다. 특히 심하게 저체온에 시달리는 발, 꼬리, 귀 등은 조심스럽게 비비고 마사지해 줍니다. 너무 뜨겁지 않은 보

온병을 수건으로 감싸서 담요 밑에 넣어 주고, 마실 물은 미지근한 상태로 제공해 줍니다.

물은 억지로 먹여서는 안 됩니다. 기도나 폐로 물이 들어가면 오히려 상태가 악화될 수 있습니다. 또한 저체온증에 걸린 개를 뜨거운 장판 위에 눕혀서도 안 됩니다.

보살피는 과정에서는 불필요한 스트레스를 받지 않도록 도와 주어야 합니다. 응급 처치를 한 이후에는 즉시 가까운 동물병원으로 데리고 가야 합니다.

⑫ 코피가 나요

코피가 조금씩 오래 난다면 쥐약 중독 등으로 말미암은 혈액 응고 장애나 혈소판 감소, 즉 혈액 세포의 파괴 때문일 수 있습니다. 또는 콧속과 상부 호흡기 어딘가에 종양이 있거나 치아 질환이 심해서일 수도 있습니다. 특히 쥐약 때문에 코피가 날 때는 치료가 늦어질수록 치유 가능성이 작아집니다. 따라서 코피가 난다면 빨리 동물 병원을 방문해서 진료를 받아야 합니다.

개의 콧속은 아주 많은 혈관으로 이루어져 있어서 콧속의 혈관이 터지면 출혈이 심

한 것처럼 보입니다. 하지만 대부분 약 5분 정도 지나면 자체적으로 코피가 멈추게 됩니다. 5분이 지났는데도 코피가 멈추지 않는다면 즉시 진료를 받아야 합니다.

코피가 날 때는 스트레스를 받아 혈압이 올라가지 않도록 스트레스 상황을 방지해야 합니다. 혈압이 올라가면 출혈이 심해지기 때문입니다. 교통사고 등의 외상으로 코피가 날 때는 다른 기관의 통증도 심해서 공격성을 보일 수 있으므로 주의해야 합니다.

또 코피가 난다고 해서 섣부르게 지혈을 해서는 안됩니다. 출혈이 콧등이나 외부에서 발생하고 있다고 하여도 수건으로 임시적으로 지혈하는 일은 위험할 수 있습니다. 외부에서 내부로 뚫려있는 경우 출혈이 밖으로 나오지 못하고 콧속으로 흘러들어가 기도로 넘어갈 수도 있기 때문입니다.

코피의 원인은 다음과 같습니다.
- 다른 개의 공격으로 콧등이 물림(콧속까지 뚫려서 출혈 발생)
- 과하게 놀다가 장애물에 코가 부딪힘
- 코, 코곁굴(머리뼈에 있는 공기 구멍), 인두 부위의 염증
- 쥐약 중독

- 코 내부 종양
- 기생충·진균 감염
- 인두 부위 부상
- 이물질이 콧속으로 흡입됨
- 상부 기관지나 인두에 이물질이 흡입됨
- 고혈압으로 말미암은 혈관 손상

반려견이 코피가 났을 때 견주가 할 수 있는 1차적인 응급 처치는 다음과 같습니다.

- 반려견이 흥분해서 혈압이 올라가는 일이 없도록 진정시켜야 합니다.
- 코 앞부분을 깨끗한 물로 씻어 줍니다.
- 물로 씻은 이후 수건으로 닦아 줍니다.
- 코 외부에 부상이 없는지 살펴봅니다.
- 출혈이 있는 곳이 코 내부인지 외부인지 확인합니다.
- 코 외부에서 출혈이 있을 때는 해당 부위를 얼음찜질해서 온도를 낮춰 줍니다.

이러한 1차적인 응급 처치를 한 이후 즉시 동물 병원으로 운송해서 정확한 원인을 진단하고 적합한 치료를 해야 합니다.

눈에 상처가 났어요

눈에 심각한 상처가 생기면 실명의 원인이 될 수 있습니다. 따라서 견주는 반려견의 눈에 난 상처를 내버려 두면 안 됩니다.

눈에 상처가 난 개는 안절부절못하고 눈을 계속 깜빡거리며 발로 눈을 긁으려고 합니다. 눈이 붓고 눈물이 흐르기도 하며 출혈이 보이기도 합니다. 견주는 반려견의 눈에 이물질이 끼어 있어도 직접 이물질을 제거하려고 해서는 안 됩니다. 이물질을 잘못 제거하면 눈에 더 심각한 손상을 입힐 수 있습니다.

견주는 반려견이 자신의 발로 눈을 긁지 못하도록 발을 붙잡거나 발에 붕대를 감아 주어야 합니다. 엘리자베스 칼라가 있다면 씌워서 발이 눈에 닿지 않도록 합니다. 안구가 이탈했다면 눈꺼풀을 최대한 안구 위로 덮고, 젖은 손수건을 그 위에 올려 조심스럽게 안와에 넣습니다. 이때 힘이 너무 들어가서 안구에 손상이 생기지 않도록 해야 합니다.

청소 세제나 강한 산, 염기 등에 눈이 노출되었을 때는 즉시 물로 눈을 씻어 주어야 합니다. 흐르는 물에 최소 15분은 눈을 씻겨 주어야 합니다. 이러한 응급 처치가 끝나면 한시라도 빨리 동물 병원을 방문해야 합니다.

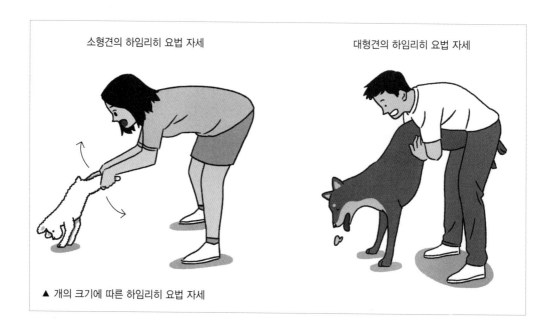

⑭ 기도가 막혔어요

개가 무언가를 잘못 삼켜서 기도가 막히면 질식사할 위험이 큽니다. 큰 조각의 음식을 먹거나 장난감을 가지고 놀다가 음식이나 장난감 때문에 기도가 막힐 경우, 곤충을 입으로 잡다가 곤충이 후두 부위를 쏘아 기도 입구가 심하게 부은 경우에는 산소 공급이 안 될 수 있습니다. 이럴 때는 개의 숨소리가 들리지 않고, 흉부가 전혀 움직이지 않으며, 입이나 혀의 움직임이 없습니다.

응급 처치 방법은 다음과 같습니다. 우선 개의 입을 벌려 목에 걸린 이물질이 보인다면 꺼내려고 해야 합니다. 이물질이 보이지 않는다면 하임리히 요법을 실시해야 합니다.

작은 개는 뒷다리를 붙잡고 들어 올려 좌우로 흔듭니다. 큰 개는 뒷다리 부근의 복부를 잡아 머리가 아래로 향할 수 있도록 들어 올립니다. 이러한 하임리히 요법은 제대로 하지 않으면 다른 기관이 더욱 손상될 수도 있으므로 주의해야 합니다. 응급 처치는

소형견의 하임리히 요법 자세   대형견의 하임리히 요법 자세

▲ 개의 크기에 따른 하임리히 요법 자세

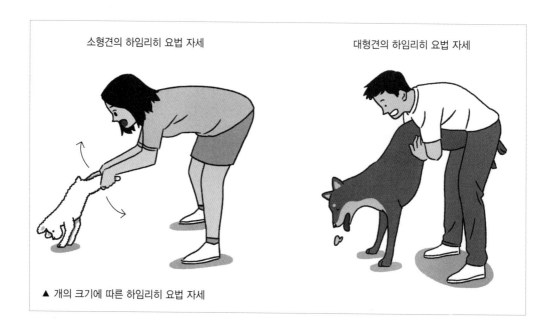

제일 가까운 동물 병원에 연락한 후에 해야 하고, 실시한 후에는 최대한 빨리 동물 병원에 갈 수 있도록 합니다.

⑮
간질이 발생했어요

개 중에 약 4% 정도가 간질 증상에 시달립니다. 간질은 예고 없이 어디에서나 발생할 수 있습니다.

간질은 갑자기 의식을 부분적으로나 전반적으로 잃으면서 시작됩니다. 갑자기 쓰러져서 온몸의 근육이 경직되거나 움찔움찔할 수 있습니다. 그다음에는 온몸이 격하게 떨리거나 움직이는 단계로 진입합니다. 개는 이 과정에서 심하게 짖을 수 있습니다. 또한 과도하게 침이 분비되거나 대소변이 배출될 수 있고, 숨을 불규칙적으로 쉬거나 숨을 쉬지 않게 됩니다. 이러한 간질 증상은 약 2분 정도 지속됩니다.

간질 증상이 끝나면 일부 개는 아무 일도 없었다는 듯이 행동합니다. 하지만 일부 개는 인지 능력이 떨어지고 비정상적인 식욕을 보입니다. 또한 움직임이 둔탁해지고, 공격성을 보이기도 합니다. 따라서 간질 증상이 나타나면 정확한 진단과 치료를 받아야 합니다. 진료를 받기 전에 간질 증상이 시작될 때의 행동을 녹화해서 가져가면 수의사가 수월하게 진단할 수 있습니다.

반려견의 간질이 시작되면 견주는 침착함을 잃지 말고 소란을 피워서는 안 됩니다. 소란을 피우면 반려견의 간질 증상이 더욱 심해질 수 있기 때문입니다.

또한 반려견의 간질이 시작되면 견주는 반려견을 안거나 만져서는 안 됩니다. 의도치 않게 물거나 긁는 행동으로 견주를 해칠 수 있기 때문입니다. 대신 견주는 막대기 같은 도구를 반려견의 이빨 사이에 밀어 반려견이 자신의 혀를 물지 않도록 도와줍니다. 또한 반려견을 다치게 할 수 있는 물건들을 치우고, 담요나 쿠션으로 반려견의 몸을 보호하게 해 줍니다.

2분이 지나도 간질 증상이 멈추지 않는다면 즉시 동물 병원에 데려가야 합니다. 이 과정에서 견주는 반려견에게 물리지 않도록 이불 등으로 감싸서(단, 반려견이 숨을 쉴 수 있도록 감쌉니다) 데려가야 합니다.

12장

행동 의학

강아지를 잘 재우고 싶어요

강아지는 성견보다 수면 시간이 길고, 낮잠 빈도가 높습니다. 반면 깨어 있는 시간에는 호기심이 왕성하고 활동량이 많습니다. 따라서 강아지는 충분히 자도록 해 주고, 깨어 있는 시간에는 많은 경험과 필요한 운동을 할 수 있도록 도와 주어야 합니다.

강아지가 모견이나 형제들과 떨어져서 견주의 집에 오면 밤에 혼자 자야 하는 것이 익숙하지 않을 것입니다.

따라서 견주는 강아지가 잠들기 전에 놀이나 훈련을 해 주어야 합니다. 강아지가 잠자는 공간은 견주의 방과 분리된 거실이나 다른 방에 마련해 줍니다. 낮잠을 잘 때는 항상 지정된 자리에서 자도록 유도합니다. 만약 강아지가 전혀 잠을 못 자고 견주를 찾기 위해 낑낑거리거나 짖는다면, 처음 며칠 동안은 침대 옆에서 자는 것을 허락해 줍니다. 하지만 될 수 있으면 침대 위에서 함께 자는 것은 피합니다. 침대 옆에서 며칠 자도록 하다가 조금씩 강아지의 잠자리를 방문 쪽으로 옮겨 줍니다. 견주와 조금씩 멀어지면서 자는 것

▲ 강아지가 잠자는 공간은 별도로 마련해 주는 것이 좋다.

이 문제가 없으면 강아지의 잠자리를 방문 밖으로 옮겨 주고, 강아지가 방 밖에서 자는 것이 완전히 익숙해지면 방문을 닫아 봅니다.

마음이 약해져서 강아지 때부터 침대 위에서 함께 자고 보챌 때마다 위로해 주면 성견이 되어서도 혼자 있을 때 스트레스를 받을 수 있습니다. 따라서 강아지가 혼자서 편히 쉴 수 있는 훈련을 일찌감치 시작해서 분리 불안이 생기지 않도록 해야 합니다.

② 분리 불안이 뭐예요?

반려견이 견주와 떨어지면 안절부절못하고 침이 과다 분비되고 구토·설사를 한다든가 쉬지 않고 견주가 올 때까지 짖는 행동을 보이는 상태를 분리 불안이라고 합니다. 분리 불안 증상이 심하면 혼자 남겨진 공간(대부분은 집 내부)에서 기물이나 가구를 훼손하고, 그 공간에서 탈출하기 위해 창문이나 문을 심하게 긁거나 물다가 발톱이 빠지고, 구강 내 상처로 출혈이 발생하기도 합니다.

분리 불안이 나타나는 원인은 크게 두 가지로 나눌 수 있습니다. 하나는 공포 때문이고 또 하나는 지루함 때문입니다. 대부분 분리 불안은 공포 때문인 경우가 많습니다.

사회적인 동물인 개에게 생존에 필요한 안전과 먹이는 자신이 소속된 무리와 함께 있을 때 보장됩니다. 따라서 애착 관계인 견주와 떨어지면 생존에 대한 불안감이나 위협을 느끼는 것입니다.

▲ 분리 불안은 행동 교정만으로 치료하기는 어렵다.

개가 분리 불안 증상을 보이면 정확한 원인과 질병 정도가 분석되어야 하고, 이에 맞는 치료 계획을 세워야 합니다. 분리 불안은 행동 교정만으로 치료하기는 어려워서 약물 치료가 병행되는 경우가 많습니다. 이를 위해서는 행동 치료 전문 수의사에게 진료를 받는 것이 좋습니다.

다른 질병과 마찬가지로 분리 불안 역시 예방이 중요합니다. 분리 불안은 개의 나이와 상관없이 언제든 발병할 수 있습니다. 강아지 때 사회화 훈련과 혼자 있는 훈련을 충분히 받지 못해서 분리 불안이 생길 수도 있지만, 혼자 있을 때 큰 충격을 받았거나 어느 날 갑자기 견주와 장기간 떨어져도 분리 불안 증상이 나타날 수 있습니다.

혼자 있는 훈련은 분리 불안을 예방하기 위해 필요합니다. 견주는 반려견을 입양하면 매일 여러 차례 1분이나 2분 정도 문밖으로 나갔다가 돌아오기를 반복해야 합니다. 반려견이 얌전히 집에 있었다면 외출하는 시간을 5분으로 늘리고, 5분도 얌전히 기다렸다면 10분으로 연장해 봅니다.

여기서 중요한 점이 있습니다. 반려견이 외출하기 전에 과도하게 인사하거나 외출하고 들어왔을 때 반갑다고 격하게 흥분하면 반려견이 진정할 때까지 만지거나 시선을 주거나 이름을 부르지 말아야 합니다. 반려견이 얌전해지면 차분하게 이름을 부르면서 쓰다듬어 줍니다. 외출하기 직전에는 반려견이 제일 좋아하는 장난감이나 사료가 천천히 나오는 기능성 장난감을 제공해 줍니다. 외출하고 돌아오면 그러한 장난감들을 반려견이 닿지 않는 곳에 치워 놓습니다. 이러한 훈련을 반복적으로 하면 반려견은 언젠가는 견주가 반드시 돌아온다고 생각하게 됩니다. 이것이 분리 불안을 예방하는 훈련의 최종 목표입니다.

Tip

벽지를 뜯어요

활동량이 많은 반려견이 견주가 집에 있는데도 벽지를 뜯는다면 관심을 유도하기 위해서인지, 지루함 때문인지, 다른 개의 행동을 따라 하는 것인지 구분해야 합니다. 만약 반려견이 집에 혼자 있을 때 벽지를 뜯는다면 공포 때문에 생긴 분리 불안이 아닌지 관찰해 보아야 합니다.

③
아무 데서나 대소변을 봐요

배변 빈도가 높은 강아지는 밤에 잠자다가 깨서 대소변을 보는 경우가 흔합니다. 이럴 때 아침에 일어나서 강아지를 혼내면 강아지는 대부분 무엇 때문에 혼나는지 모릅니다.

따라서 견주가 원하지 않는 곳에 강아지가 배변한 순간 혼내면, 강아지는 배변 자체에 대한 꾸짖음으로 받아들일 수 있습니다. 이럴 때는 배변 충동을 억제해서 비뇨계나 위장 장애가 올 수 있고, 대변을 먹는 행동으로 발전할 수도 있습니다. 따라서 강아지가 원하지 않는 곳에 배변했을 때는 아무런 반응을 보이지 말고 대변을 치운 후 소독 알코올(예: 70% 에탄올)로 냄새를 완전히 없애 줍니다. 이때 염소나 암모니아 성분이 든 세제는 최대한 피해야 합니다. 이렇게 하지 않으면 강아지는 자신의 대소변 냄새가 나는 곳에 다시 배변하게 됩니다.

▲ 반려견이 집 안에서 소변을 본다면 소독 알코올로 냄새를 없애야 한다.

그다음에는 강아지가 배변하는 시간대를 파악해야 합니다. 아침에 일어났을 때, 밥을 먹고 난 이후 등 자주 배변하는 시간대에 견주가 원하는 배변 장소에서 배변할 때까지 기다립니다. 이왕이면 그 장소에서 뛰어놀거나 많이 움직이게 합니다. 그러다가 그 장소에서 배변하면 강아지가 좋아하는 간식을 주면서 칭찬해 줍니다. 그러면 강아지는 견주가 원하지 않는 장소에서 배변했을 때와 원하는 곳에서 배변했을 때의 차이를 배우게 됩니다.

먼저 개는 먹고 자는 장소와 배변하는 장소를 멀리 떨어뜨리는 것을 선호합니다. 또한 개들은 자신의 대소변 냄새가 나는 곳에서 반복해서 배변하는 습관을 갖고 있습니다.

배변 훈련을 시작하기 전에는 집 안에서 훈련을 할지 아니면 산책할 때 할지를 먼저 결정해야 합니다. 산책할 때 배변 훈련을 하려면 다른 사람들이 불쾌하지 않도록 뒤처리를 깔끔하게 해야 합니다. 집 안에서 배변 훈련을 할 때는 대부분 견주가 화장실을 선호합니다. 하지만 반려견들은 화장실 바닥이 젖어 있으면 화장실에 들어가는 것을 피할 수 있고, 다른 장소에서 대소변을 볼 수 있습니다.

배변 훈련을 할 때 가장 중요한 것은 반려견이 배변하는 순간에 큰소리로 윽박지르거나 물리적인 체벌을 해서는 안 된다는 점입니다. 또한 배변한 지 한참 지난 후에 대소변을 발견하면 대소변을 가리키며 반려견에게 화내서는 안 됩니다. 체벌하는 대신 올바른 장소에 배변을 할 때 칭찬을 해서 보호자가 원하는 개의 배변 장소가 별도로 존재한다는 것을 인지시켜줘야 합니다.

개는 보통 아침에 일어나자마자 대소변을 봅니다. 따라서 견주는 미리 원하는 장소에 패드를 넓게 깔아 놓고, 반려견이 아침에 깨면 패드 위로 유도합니다. 배변할 때까지 패드 위에서 벗어나지 않도록 함께 있어 줍니다. 반려견이 패드 위에서 배변하면 바로 좋아하는 간식을 충분히 주면서 칭찬해 줍니다. 단, 과도한 반응이나 큰 동작으로 반려견이 놀라지 않도록 조심합니다.

▲ 대소변을 가리는 것은 배변 훈련을 통해 개선할 수 있다.

규칙적이고 반복적으로 배변 훈련을 하다 보면 어느 순간 반려견이 특정 장소에 배변해야 한다는 것을 인지하게 됩니다. 이렇게 인지하기까지 걸리는 시간은 개마다 모두 다릅니다. 견주가 인내심을 가지고 칭찬 요법으로 반려견이 학습할 수 있도록 도와준다면 냄새와 위생 걱정 없이 살 수 있을 것입니다.

사람이 만지면
소변을 지려요

개는 대부분 너무 무서울 때 소변을 지립니다. 사람이 갑자기 개 위에서 몸을 굽히고 손을 뻗어 개를 만져도 오줌을 지릴 수 있습니다. 예를 들어 키 170cm에 체중이 70kg인 사람이 어깨높이 20cm에 체중이 5kg인 개 위로 갑자기 상체를 숙이고 큰 손으로 개를 만진다면 개는 순간적으로 생명의 위협을 느낄 것입니다.

따라서 개를 만질 때는 개의 눈높이로 몸을 굽히고 먼저 손을 내밀어 개가 냄새를 맡도록 해 줍니다. 개가 냄새를 맡고 반가워하면 그때 천천히 만지는 것이 좋습니다.

대변을 먹어요

견주 중에 적지 않은 수가 자신의 반려견이 대변을 먹는다고, 대변 먹는 것을 멈추게 하는 방법이 무엇인지 문의합니다. 반려견이 자신의 대변이든 다른 동물의 대변이든 그것을 먹고 견주의 얼굴이나 손을 핥는 것이 유쾌할 수는 없습니다. 견주는 먼저 반려견이 대변을 먹는지 파악해야 합니다.

대변을 먹는 증세(식분증)에 대한 다양한 견해와 연구 결과가 있습니다. 대표적인 몇 가지를 정리하면 다음과 같습니다.

- 개는 비위생적인 환경에서 짧은 줄에 묶여 있으면 자신의 대변을 먹기도 합니다. 본래 개는 먹고 쉬는 공간과 배변하는 공간을 분리해서 생활하는 것을 선호합니다. 그런데 좁은 우리 안이나 1m도 안 되는 줄에 묶여서 생활하는 개는 자신의 대변으로 말미암아 생활 공간이 더러워지는 것에 대한 좌절감이 청소하고자 하는 욕구로 표출되어 대변을 먹기도 합니다.

- 모견은 강아지가 생후 4~6주가 될 때까지 다른 동물에게 위치가 노출되지 않도록 강아지의 대변을 먹어 버립니다. 이것은 지극히 당연한 행동입니다.

- 강아지는 성견이 되기 전까지 호기심 때문에 주변의 모든 것을 핥아 보고 물어 보고 입에 넣어 봅니다. 그중에 대변이 포함되기도 합니다. 대부분 강아지는 성견이 되면 대변에 흥미를 잃어서 더는 먹지 않지만, 일부 개는 강아지 때의 버릇이 평생 가기도 합니다.

- 자극 없이 지루한 환경에서 대변을 가지고 놀다가 먹기도 합니다.

- 반려견이 대변을 먹을 때 견주가 반응을 보이면 반려견은 이를 '관심 획득'으로 인지할 수 있습니다.

견주는 역겹다는 표현을 한 것이지만 반려견은 자신을 향한 관심이라고 받아들여서 대변을 먹는 행동을 강화할 수도 있습니다.

- 건강상의 문제로 어느 날부터 대변을 먹을 수 있습니다.

대표적인 예가 췌장 기능 부전증입니다. 이 질병 때문에 단백질을 분해하는 트립신과 키모트립신, 지방을 분해하는 리파아제, 다당류를 분해하는 아밀라아제가 충분히 생산되지 않으면 대변을 먹는 행동이 나타날 수 있습니다. 췌장 기능 부전증에 걸리면 개는 허기에 계속 시달리면서 평소보다 많이 먹지만 체중은 계속 빠집니다. 음식이 제대로 소화되어 몸으로 흡수되지 않기 때문입니다. 따라서 소화되지 않은 음식 성분이 함유된 대변은 췌장 기능 부전증에 걸린 개에게 좋은 간식이 됩니다.

또한 과다한 내부 기생충 감염에 시달릴 때도 소화 장애로 말미암은 불

편함을 해소하기 위해 대변을 먹기도
합니다.
- 사료에 특정 영양소나 미네랄이 부족
하게 들어가 있을 때도 대변을 먹을 수
있습니다.

반려견이 대변을 먹지 않게 하려면 견주
는 다음과 같이 해 주어야 합니다.
- 대변을 발견하면 바로 치웁니다.
- 반려견이 육체적·심리적 에너지를 소
모할 수 있도록 도와줍니다. 간식이 조
금씩 나오는 기능성 장난감을 제공해
주고, 매일 같이 산책하러 나갑니다.
또한 반려견의 품종과 나이에 맞게 운
동할 수 있도록 환경을 만들어 줍니다.
- 수의사를 찾아가서 건강에 문제가 있
는지 확인합니다.
- 주기적으로 구충제를 투여합니다.
- 사료가 바뀌지는 않았는지, 사료에 충
분한 영양소가 들어 있는지 확인해 봅
니다.
- 지나치게 많은 양의 사료를 주어서 소
화 장애가 일어나지 않도록 합니다. 사
료가 덜 소화되어서 사료의 일부 성분
이 그대로 대변에 포함된 채 배출되면
대변에서 맛난 냄새가 날 수 있기 때문

입니다.
- 반려견이 좋아하지 않는 맛과 냄새가
대변에서 나게 하는 제품이 있습니다.
이러한 제품을 사서 사료에 섞은 후 제
공해 봅니다.

집 안에서 마킹해요

개에게 소변으로 냄새를 남기는 마킹은
정상 행동입니다. 개는 집 밖에서 산책하
다가 다른 개들이 남긴 냄새를 맡으면 자신
의 냄새도 남깁니다. 수컷이 주로 남기지
만 암컷도 마킹합니다. 마킹은 개들 간의
의사소통이면서 자기 존재를 증명하는 방
식입니다.

하지만 반려견이 아무 데나 마킹하면 견
주가 스트레스를 심하게 받을 수 있습니다.
특히 반려견이 나무 재질의 벽이나 문, 가구
등에 마킹해서 냄새가 배고 파손되면 문제
는 더욱 커집니다.

반려견이 집 안에서 마킹한다면 다음과
같은 사항을 고려해 보아야 합니다.

- 중성화 수술을 했나요?
중성화 수술을 하지 않은 수컷의 50%

이상이 중성화 수술을 하면 더는 마킹 하지 않습니다. 중성화가 안 된 수컷이 집 안에서 오랫동안 마킹했다면 교정 하기가 힘듭니다. 따라서 반려견이 집 안에서 마킹한다면 빨리 중성화 수술 을 해 주는 것이 좋습니다.

또한 수컷은 집 주변이나 이웃집에 발 정 중인 암컷이 있으면 안절부절못하 며 집 밖으로 나가려고 시도하고, 하울 링하면서 집 안에 마킹할 수 있습니다. 이럴 때 수컷은 지나친 스트레스에 시 달릴 수 있고, 이러한 스트레스가 오래 지속되면 전립선 질병이 생길 수 있습 니다. 질병 예방 차원에서도 중성화 수 술은 필요합니다.

발정 중인 암컷은 수컷에게 신호를 보 내기 위해 이곳저곳에 냄새를 남깁니 다. 따라서 암컷이 집 안에만 있다면 집 안 여기저기에 마킹할 수 있습니다.

• **새로운 가족 구성원이 생겼거나 새로 운 환경에 처하게 되었나요?**

최근에 사람이든 동물이든 새로운 가 족 구성원이 생겼는지 살펴보아야 합 니다. 견주의 아기가 태어났는지, 새로 운 개나 고양이를 입양했는지, 잠시 다

른 사람들이 집에 들어와 함께 생활하 지 않았는지 생각해 봅니다.

이뿐만 아니라 이사해서 새로운 환경 에 놓이면 마킹할 수 있습니다. 이럴 때는 일시적으로 마킹하는 경우가 많 지만, 관계나 환경때문에 생긴 불안감 이 해소되지 않으면 오랫동안 마킹할 수도 있습니다.

마킹이 멈추지 않을 경우에는 행동치 료 전문 수의사를 찾아 개별적인 상담 을 받아야 합니다.

• **질병이 있지는 않은가요?**

방광염과 같은 비뇨 기관 계통의 질병 이 있지는 않은지, 당뇨병과 같은 호르 몬 관련 질병이 있지는 않은지 정확한 진단을 받아 보아야 합니다. 이러한 질 병에 걸려도 마킹을 자주 하기 때문입 니다.

반려견이 집 안에서 마킹하는 정확한 이유를 파악하려면 전문가의 도움을 받는 것이 좋습니다. 하지만 그 전에 다 음과 같은 것을 시도해 보면 좋습니다.

우선 하루에 짧게라도 자주 집 밖에 나 가 마음껏 마킹하게 해 줍니다. 마킹은 개가 자신의 존재를 내세워보이는 기

본적인 욕구입니다. 집 안에서 마킹을 하지 못하게 하는 대신 밖에서라도 실컷 마킹을 하게 해주는 것이 조금이나마 도움이 됩니다.

또한 집 안에서 마킹했을 때는 시간이 지난 후에 큰소리로 혼낸다던가 체벌하는 것을 피해야 합니다. 이러면 반려견은 마킹과 견주의 꾸짖음을 연결 지어서 견주가 있을 때만 마킹을 안 하고 견주가 없을 때는 집 안에서 여러 차례 마킹할 수 있습니다. 견주가 없을 때만 하는 마킹은 교정하기가 더욱 힘듭니다.

반려견이 마킹하려고 시도한다면 마킹하기 직전에 '앉아', '엎드려', '이리로 와' 같은 지시어를 말하고 맛있는 간식이나 사료를 제공해 줍니다. 단, 마킹을 이미 시작했다면 지시어를 말하고 보상하는 일이 없도록 합니다. 이러한 훈련은 인내심을 가지고 오랫동안 관찰해야 합니다.

개가 보호자와 함께 사는 공간에서 보호자의 심기를 불편하게 하기 위해 일부러 마킹을 하고 더럽히는 행동을 하는 것이 아닙니다. 마킹을 하는 원인을 정확히 파악해내어 근본적인 원인을

해결해야 보호자와 개가 모두 행복한 생활을 할 수 있습니다.

꼬리로 기분을 알 수 있나요?

많은 견주가 반려견이 꼬리를 흔들면 '기분이 좋구나.'라고 생각합니다. 개가 꼬리를 흔드는 것은 자극에 의한 흥분을 느낄 때 나타나는 몸의 변화 중 하나입니다.

▲ 꼬리를 흔들어 의사 표현을 하는 강아지

개는 반갑거나 기분이 좋을 때만 꼬리를 흔드는 것이 아닙니다. 예를 들어 견주가 외출했다가 들어오면 반려견은 반가움에 꼬리를 흔들 수 있지만, 낯선 사람이 갑자기 다가오면 불안감이나 공포를 느껴서 꼬리를 흔들 수도 있습니다.

개가 편안한 상태에서 원을 그리면서 꼬

리를 흔들면 친근감을 표시하는 것이라고 볼 수 있습니다. 이외에 꼬리를 흔들 때는 몸의 자세, 얼굴 근육의 변화, 귀의 움직임, 입 모양 변화, 이빨을 드러내는 정도, 발성하는 소리의 종류 등을 모두 고려해서 감정 상태를 판단해야 합니다.

만일 반려견이 어릴 적에 견주뿐만 아니라 낯선 사람들에게서 간식을 얻어 먹은 적이 있거나 낯선 사람들이 주기적으로 방문해서 즐겁게 놀아 준 적이 있다면 낯선 사람에게도 친근하게 굴며 꼬리를 흔들수 있습니다.

개의 꼬리 흔들기에 따른 감정 상태

• 놀이 유도

- 꼬리를 위로 듦
- 꼬리를 강하게 흔들 수도 있음
- 번갈아 가며 귀를 세우거나 눕힘
- 입을 살짝 벌리고 있음
- 혀가 보일 수 있음
- 앞다리를 바닥으로 눌러서 몸의 앞 부분이 아래를 향함

- 짖기도 함

• 공격적 위협

- 꼬리를 위로 듦
- 꼬리를 흔들 수 있음
- 귀를 앞으로 세움
- 척추 위 털을 세움
- 이마를 찡그림
- 콧등을 찡그림
- 윗입술이 위로 올라가 앞니가 보일 수 있음
- 모든 관절을 쫙 펴고 몸을 최대한 크 게 만듦

• 방어적 위협

- 꼬리를 다리 사이에 넣어서 낮춤
- 척추 위 털을 세움

- 귀를 납작하게 눕힘

- 콧등을 찡그림

- 입꼬리를 귀 쪽으로 당김

- 이빨을 보임

- 이마가 판판함

• 수동적 존중

- 등을 바닥에 대고 누움

- 꼬리가 다리 사이에 있음

- 귀를 머리 쪽으로 납작하게 눕힘

- 상대방과 눈을 마주치지 않기 위해
  머리를 옆으로 돌림

- 눈을 감기도 함

- 입꼬리를 살짝 뒤로 당김

• 두려움이나 불안정

- 꼬리를 다리 사이로 낮춤

- 관절을 많이 구부려서 몸을 작게 만듦

- 귀를 납작하게 눕힘

- 입꼬리를 귀 쪽으로 당김

- 발바닥에서 땀이 남

이렇듯 꼬리의 움직임은 감정에 따른 몸의 변화를 표현하는 매우 중요한 요소입니다. 따라서 합리적인 이유나 수의사의 진단을 바탕으로 절단해야 하는 경우 이외에 단순히 미용만을 위해 꼬리를 자르는 일은 권장하지 않습니다.

• 능동적 존중

- 꼬리와 귀, 몸을 낮춤

- 꼬리를 살짝 흔들 수 있음

- 상대방의 얼굴을 핥거나 허공을 핥음

- 입꼬리를 귀 쪽으로 당김

- 앞발을 들기도 함

⑧
성대 수술을 해도 괜찮은가요?

반려견은 통증, 청각 장애, 중추 신경 장

애, 영역을 보여 주기 위함, 관심 유도, 놀이 유도, 공포심, 공격성, 유전, 의미 없이 반복되는 정형 행동 등을 이유로 짖습니다.

반려견이 어떤 상황에서 왜 짖는지를 정확히 파악하고, 훈련을 통해 그 상황에서 짖지 않아도 된다는 인식을 심어 주어야 합니다. 반려견이 부정적인 경험에 의한 공포 때문에 짖는다면, 긍정적인 경험으로 전환하는 훈련을 해야 합니다. 또는 통증, 중추 신경 장애, 지나친 공포심과 공격성, 의미 없이 반복되는 정형 행동 때문에 짖는다면, 동물 병원을 찾거나 행동 치료 전문가를 통해 세밀하고 구체적으로 분석해서 치료해야 합니다. 행동 치료가 불가능하고 수의사가 성대 제거술을 해야 한다고 진단하면 수술을 선택합니다.

⑨
낯선 사람만 보면 짖어요

반려견이 낯선 사람 때문에 심한 통증을 느꼈거나 무서운 경험을 했다면 치료가 필요합니다. 이러한 경험이 없는데 반려견이 낯선 사람을 보고 짖는다면 다음과 같은 훈련을 해야 합니다.

반려견이 낯선 사람이 나타난 것을 인식하면 바로 좋아하는 간식을 낯선 사람이 사라질 때까지 제공해 줍니다. 그러면 어느 순간부터 반려견은 낯선 사람을 긍정적으로 인식할 것입니다.

▲ 반려견이 낯선 사람을 보고 심하게 짖으면 간식으로 긍정적인 인식을 강화해 주어야 한다.

여기에서 중요한 점은 반려견이 낯선 사람을 보고 짖을 때 간식을 주면 안 된다는 것입니다. 이럴 때 간식을 주면 짖는 것에 대한 보상이 될 수 있고, 오히려 짖는 행동이 강화될 수 있습니다.

많은 견주가 자신의 반려견과 산책하다가 반려견이 낯선 사람을 보고 짖거나 으르렁거리면 반려견의 이름을 부르면서 큰소리로 혼내거나 리드 줄을 당깁니다. 심지어 초크 체인을 사용해서 반려견의 목을 졸라 반려견의 행동을 막으려고도 합니다.

하지만 이러한 훈계 방식의 효과는 일

시적입니다. 오히려 반려견이 낯선 사람 때문에 통증과 훈계를 받았다고 인지할 수 있습니다. 따라서 통증 유발이나 스트레스를 강화하는 방식은 바람직한 해결책이 아닙니다. 그럴 경우 낯선 사람으로 인해 보호자에게 혼을 났다고 생각하며 낯선 사람에 대한 부정적인 인식이 강화될 수 있습니다.

반려견이 낯선 사람을 무서워하지 않게 하려면 다음과 같은 구체적인 방법으로 훈련해 봅니다.

① 반려견이 한 번도 만난 적이 없는 지인에게 시간을 내 달라고 부탁한다.

② 집 근처에 매일 훈련할 수 있는 장소가 있는지 찾아본다. 인적이 드문 공원이나 주차장 등이 좋다.

③ 처음 훈련을 시작할 때는 낯선 사람(견주의 지인)이 견주와 반려견의 시야에 나타났다가 사라지는 간격을 5초 내외로 한다.

④ 반려견과 자리를 잡고 선 후 낯선 사람(견주의 지인)이 시야에 나타나면 반려견에게 간식을 준다. 이때 반려견이 낯선 사람에 대한 경계를 표현하는 행동을 하기 전에 간식을 제공해 주어야 한다. 으르렁거리거나 짖은 직후에 간식을 주면 반려견은 자신의

문제 행동에 대한 보상을 받았다고 생각하기 때문이다.

⑤ 낯선 사람이 시야에서 사라지면 바로 간식을 주는 것을 멈춘다.

⑥ 반려견이 낯선 사람 때문에 간식을 제공한다는 것을 확실히 알 때까지 매일 10분 정도 훈련한다.

이러한 훈련은 강한 인내심과 오랜 시간, 그리고 정확한 타이밍이 필요합니다. 반려견은 죽는 날까지 학습 능력과 인지 능력이 있으므로 견주가 인내심을 가지고 훈련하면 행동에 변화가 생길 것입니다.

⑩
자꾸 어딘가에 숨어요

개는 통증이 있거나 특정 소리를 무서워하거나 극도의 공포심을 느꼈거나 상상 임신으로 보금자리를 찾아 헤맬 때 어딘가에 자꾸 숨으려고 합니다.

이 가운데 특정 소리에 공포심을 느끼는 개가 많습니다. 일부 개는 진공청소기 소리나 헤어드라이어 소리, 천둥소리, 오토바이 소리 등에 과도한 반응을 보입니다. 일부 개의 보호자들은 집안 청소를 할 때마다 걱정

이 앞선다고 합니다. 개들이 진공청소기를 꺼내오는 모습만 봐도 바로 몸을 낮추며 안절부절 못하며 청소기를 향해 짖기도 하고 청소기가 가까이 다가오면 도망을 가거나 침대 밑으로 숨기를 반복합니다. 대부분 짖거나 어딘가에 숨지만, 심해지면 통제할 수 없어져서 목적지 없이 멀리 도망친다든가 공격성을 보일 수도 있습니다.

개가 이러한 행동을 보일 경우 대부분의 보호자들은 개를 끌어안거나 쓰다듬으며 진정시키려고 시도합니다. 더불어 보호자들 역시 그런 개를 보면서 심장박동이 빨라지고 스트레스를 받습니다. 하지만 보호자가 이렇게 대처하면 개는 오히려 공포가 '느껴야 하는' 감정이라고 착각하고 더 강화될 수 있습니다.

이럴 때는 무감각화 훈련을 실시해 소리에 대한 공포심을 없애 주어야 합니다.

훈련을 위해서는 먼저 반려견이 무서워하는 소리를 앱이나 인터넷에서 내려받아야 합니다. 그런 후 그 소리를 재생하되 처음에는 무음으로 해 놓습니다. 이때 반려견이 편안한 장소에 누워 있게 하는 것이 좋습니다. 견주는 반려견에게 맛있는 간식, 이왕이면 계속 핥을 수 있도록 습식 간식이 들어 있는 튜브를 제공해 줍니다.

▲ 특정 소리에 대한 공포는 무감각화 훈련을 통해 개선할 수 있다.

이제 오디오의 음량을 매우 천천히 높입니다. 이때 반려견은 간식을 계속 먹고 있어야 합니다. 만약 반려견이 간식을 먹는 것을 중단하고 스트레스 증상을 조금이라도 보인다면 오디오의 음량을 바로 무음으로 바꿉니다. 이러한 과정을 하루에 5~10분 정도 반복해서 실시합니다.

이 훈련을 할 때 한 명은 반려견에게 간식을 제공하고, 다른 한 명은 오디오 음량을 조절하는 식으로 두 명이 함께 실시하면 더욱 좋습니다.

무감각화 훈련을 할 때 반드시 주의해야 할 점이 있습니다. 훈련 과정 중에 들려주는 소리를 크게 내면 안 됩니다. 예를 들어 청소기 소리에 대한 무감각화 훈련을 하는 기간에 청소기를 작동하면 행동 교정은 원점으로 돌아가게 됩니다. 따라서 청소를 해야 한다면 가족 중 다른 구성원이 반려견을 데리고 산책하러 나가야 합니다.

⑪ 휴지를 먹어요

강아지 때는 입으로 먼저 모든 사물을 경험하려고 합니다. 그래서 강아지는 휴지를 가지고 장난치다가 일부분을 먹기도 합니다. 이처럼 적은 양의 휴지를 먹는 것은 크게 문제가 되지 않습니다.

▲ 다 자란 반려견이 휴지를 먹는다면 원인을 알아내기 위해 꾸준히 관찰해야 한다.

하지만 반려견이 다 자란 후에도 휴지를 먹는다면, 혼자 있을 때 휴지를 먹는지 확인해 보아야 합니다. 맞다면 견주는 반려견과 함께 있을 때 집중해서 놀아 주거나 하루에 최소한 한두 번 이상은 함께 산책하는 것이 좋습니다. 여러 종류의 장난감을 가지고 놀게 하는 것도 좋습니다.

이외에 이식증을 보이는 개는 휴지뿐만 아니라 음식물이 아닌 것을 섭취합니다. 따라서 장난치다가 입에 들어간 휴지를 먹는 것인지, 아니면 이식증 때문에 먹는 것인지를 구별해야 합니다. 이를 위해서는 수의사와의 상담이 필요합니다.

상담할 때는 수의사에게 자세한 정보를 제공해 주어야 합니다. 견주는 반려견이 특정 휴지만 먹는지, 사용한 휴지를 먹는지, 사용하지 않은 휴지를 먹는지, 언제부터 얼마나 자주 휴지를 먹는지 알아야 합니다. 개는 위장 장애가 와서 속이 불편하면 간혹 이물질을 찾아서 먹기도 하므로 사료를 먹지 않고 설사나 구토를 하지는 않는지 관찰해야 합니다. 또 휴지를 먹기 시작한 즈음 사료가 갑자기 바뀌지는 않았는지 등을 수의사에게 말해 주어야 합니다.

⑫ 남자를 무서워해요

반려견이 특별히 남자만 무서워한다면 사회화가 형성되는 생후 2주에서 12~16주까지 남자를 한 번도 본 적이 없거나, 남자에게 학대를 받은 경험이 있는지 생각해 봅니다.

만약 반려견이 새롭게 가족 구성원이 된 남자를 무서워한다면 반려견이 좋아하는 활동은 모두 그 남자와 하도록 유도합니다. 사료를 주는 것, 함께 산책하러 나가는 것, 집 안에서 장난감을 가지고 노는 것 등을 모두 그 남자와 함께하면 좋습니다. 단, 처음부터 강압적으로 시도하면 안 됩니다. 인내심을 가지고 반려견이 먼저 다가올 때까지 기다려야 합니다. 억지로 안거나 가까이 다가가면 공포심이 커질 수 있습니다.

▲ 반려견이 남자를 무서워하면 인내심을 가지고 신뢰를 쌓아 나가야 한다.

중요한 점은 공포심을 없애 주고 남자와 안정적인 유대 관계를 형성할 수 있도록 돕는 것입니다. 이렇게 신뢰를 쌓으려면 무엇보다 시간과 인내심이 필요합니다.

몸을 웅크리고 자요

미용한 이후 몸을 보온해 주던 털이 없어서는 아닌지, 방 온도가 낮은 것은 아닌지, 복통이나 고열과 같은 건강 이상으로 그런 것은 아닌지 구분해야 합니다. 갑자기 환경이 바뀌어도 긴장감 때문에 몸을 웅크리고 잘 수 있습니다.

개는 스트레스를 받으면 어떤 행동을 하나요?

많은 견주가 자신의 반려견도 스트레스를 받는다는 사실을 압니다. 하지만 반려견이 스트레스를 받을 때 어떤 행동을 하는지는 모르는 경우가 많습니다.

▲ 개는 낯설거나 무서운 대상을 만났을 때도 하품한다.

사람들은 개가 하품하면 피곤하거나 졸려서일 거라고 생각합니다. 그러나 개는 낮설거나 무서운 사람(또는 동종)을 만나면 하품을 여러 차례 하기도 합니다. 콧속에 먼지나 미세한 이물질이 들어가서 재채기하기도 하지만, 지나친 스트레스를 받아서 재채기하기도 합니다. 사람의 손에서 자극적이고 흥미로운 냄새나 맛이 나서 손을 핥기도 하지만, 과도한 스트레스를 받아도 사람(또는 다른 동물)을 핥을 수 있습니다.

이외에도 개가 스트레스를 받으면 시선 외면, 동공 확대, 구토, 설사, 침 과다 분비, 발바닥에서 땀 분비, 갑작스러운 털 빠짐, 입 벌리고 숨 쉬기, 식욕 상실 등의 행동이나 증상을 보입니다.

최근 학계의 입장은 이러한 특정 행동의 의미를 한 가지로 정의할 수 없다는 것입니다. 동물도 사람 못지않게 다양한 감정을 느끼고, 나아가 인지 및 학습 능력을 지니고 있다는 것이 과학적으로 증명되고 있습니다.

(15)

산책할 때 리드 줄을 자꾸 당겨요

산책할 때 반려견이 리드 줄을 당기고

지그재그로 걷는 등 자기가 하고 싶은 행동을 마음껏 하는 이유는 산책을 견주와 함께 하는 활동이 아니라 일종의 재미있는 놀이라고 생각하기 때문입니다. 이때 반려견은 견주를 단순히 옆에 있는 존재로 생각합니다. 하지만 견주는 반려견에게 산책이라는 것은 놀이가 아니라, 견주와 함께 걸어가는 것임을 알려 주어야 합니다.

이를 위해서는 우선 집에서 외부 자극이 없을 때 나란히 걷는 연습을 해야 합니다.

▲ 반려견과 나란히 걷는 것이 가능해지면 산책하다가 멈춰서 냄새를 맡는 것을 허락해 주어야 한다.

반려견이 견주의 우측보행을 원칙으로 개는 반려인의 오른쪽에서 걷도록 유도하려면, 먼저 오른손에 간식을 쥐고 반려견이 그것을 인식하도록 합니다. 이때 리드 줄을 한 상태에서 연습하는 것이 좋습니다. 하지만 리드 줄을 채웠을 때 견주를 따라 걷지 않는다면 채우지 않고 연습해도 괜찮습니다.

처음에는 간식을 주는 간격을 짧게 설정합니다. 예를 들면 두 걸음에 한 번씩 간식을 제공합니다. 반려견이 견주보다 조금이라도 앞서서 걷는다면 간식을 주지 말고, 견주보다 살짝 뒤에 있을 때 간식을 줍니다. 간식을 주는 간격은 천천히 늘려서 몇 분에 한 번씩 주는 단계까지 훈련합니다. 이러한 훈련은 한 번 실행할 때 10분 정도, 하루에 최소 두 번 이상 하는 것이 좋습니다.

집에서 간식을 제공하는 간격이 길어도 나란히 걸을 수 있다면, 인적이 드물고 동물이 없는 바깥에서 짧은 간격으로 나란히 걷기를 연습합니다. 집에서 한 것처럼 간격을 천천히 늘려서 간식을 제공합니다. 인적이 드문 바깥에서 나란히 걷는 것이 어느 정도 훈련되면 사람이나 다른 개가 많이 다니는 곳에서 나란히 걸어 봅니다. 이때도 간식을 제공하는 간격을 조금씩 늘립니다. 만약 반려견이 리드 줄이 팽팽해질 정도로 다른 곳에 가려고 시도한다면, 반려견의 이름을 부르지 말고 리드 줄을 억지로 당기지도 않으면서 가만히 서 있어야 합니다. 그러다가 반려견이 견주의 오른쪽으로 다가와 서 있으면 칭찬하면서 간식을 제공합니다.

반려견에게 외부 환경은 자극적이어서 간식보다 주변을 탐색하는 것을 더 좋아할 수도 있습니다. 이럴 때 견주는 인내심을 가지고 반려견이 옆으로 올 때까지 가만히 기다리는 것이 중요합니다. 반려견과 나란히 걷는 것이 어느 정도 가능해지면 산책하다가 중간중간 멈춰서 냄새를 맡는 것을 허락해 주어야 합니다. 이것은 반려견에게 어느 정도 충족되어야 하는 행위이기 때문입니다.

산책할 때 고양이나 비둘기를 잡으려고 해요

대부분 개에게는 사냥 본능이 있습니다. 그래서 정도의 차이는 있지만 고양이나 새를 보면 사냥 본능에 발동이 걸리는 것입니다.

이럴 때 반려견이 순간적으로 뛰쳐나가면 견주가 리드 줄을 놓쳐서 반려견이 정신없이 뛰어다니다가 자동차나 오토바이를 보

▲ 고양이나 비둘기를 발견하면 개의 사냥 본능에 발동이 걸릴 수 있다.

지 못하고 사고를 당하기도 합니다. 견주가 리드 줄을 잡고 있더라도 반려견이 잡아당기는 힘이 매우 세서 견주의 어깨가 다치는 일이 생길 수도 있습니다. 이러한 사고를 예방하려면 다음과 같이 훈련해야 합니다.

우선 리드 줄이 팽팽한 상태로 산책하는 일은 최대한 피해야 합니다. 리드 줄이 팽팽해지면 화내거나 반려견의 이름을 부르는 대신 그 자리에 멈춰서 반려견이 돌아올 때까지 기다리는 것이 좋습니다. 또 반려견이 견주 옆에서 걸으면 튜브에 들어 있는 습식 간식을 조금씩 주고, 견주보다 앞서서 걸을 때는 간식을 주지 않습니다.

다른 방법으로는 '안 돼' 훈련이 있습니다. 이 훈련은 더 큰 보상을 위해 순간적인 충동을 이겨낼 수 있도록 하는 것입니다. 반려견이 고양이나 비둘기를 쫓아가려고 하기 전에 "안 돼!"라고 말하면서 순간 집중을 깨뜨리는 훈련입니다.

'안 돼' 훈련의 과정은 다음과 같습니다. 왼손에는 일반 사료를, 오른손에는 반려견이 매우 좋아하는 간식을 들고 편하게 자리 잡습니다. 이때 반려견은 얌전하게 앉아서 견주에게 집중하고 있어야 합니다. 반려견이 앉기를 거부한다면 서 있는 상태에서 훈련해도 됩니다.

견주는 먼저 왼손에 있는 사료를 반려견에게 보여 줍니다. 그러면 반려견은 사료를 먹으려고 할 것입니다. 이때 견주는 왼손을 다시 쥐면서 동시에 "안 돼!"라고 단호하게 말합니다. 다만 너무 큰 소리를 내거나 강압적으로 말해서는 안 됩니다. 반려견은 사료를 먹으려고 한 행동을 멈추고 견주가 원하는 것이 무엇인지 알기 위해 견주와 시선을 맞출 것입니다. 그때 견주는 오른손에 들고 있던 맛있는 간식을 보상으로 줍니다.

이를 몇 번 반복한 후 왼손과 오른손에 든 것을 바꿉니다. 즉, 왼손에 있던 사료를 오른손으로 옮기고, 왼손으로 맛있는 간식을 제공하면서 '안 돼' 훈련을 합니다. 오른손에서만 간식이 나온다면 오른손이 간식과 직접적인 관계에 놓여 있다고 판단할 수 있기 때문입니다.

'안 돼' 훈련은 반려견의 사냥 본능을 억누르게 하는 것 이외에도 다양한 상황에서 활용할 수 있습니다.

중성화 수술을 했는데도 다른 개 등 위에 올라타요

개가 사람이나 봉제 인형, 다른 개를 상

대로 교미 흉내를 내는 행동을 마운팅이라고 합니다.

▲ 마운팅하는 개

대부분 견주는 마운팅을 단순히 성적 행동으로 인식합니다. 하지만 성적인 의미 외에 관계 형성의 불안감 때문에 마운팅을 할 수도 있습니다. 마운팅은 개들 사이에서 우위를 가리기 위한 행위 중 하나로 암컷이 수컷 위에 올라탈 수도 있고, 수컷이 수컷 위에, 암컷이 암컷 위에 올라탈 수도 있습니다.

따라서 중성화 수술을 한 개가 다른 개에게 마운팅하는 것은 사회적 행동으로 이해하면 됩니다. 하지만 마운팅 중 서열이 높은 개가 낮은 개를 무는 사고가 일어날 수 있으므로 마운팅하려는 개와 다른 개를 떨어뜨려 놓는 것이 좋습니다.

반려견이 견주의 팔목이나 종아리를 붙잡고 마운팅을 할 때도 있습니다. 이때 견주는 반려견이 자신보다 서열이 낮다고 생각해서 반려견을 힘으로 제압하려고 하는 경우도 많습니다.

하지만 대부분 반려견은 견주를 자신과는 완전히 다른 동물로 인식합니다. 따라서 '서열 정리'를 위해 마운팅을 한다기보다는 심리적인 불안감 때문이거나 관심을 유도하기 위해 하는 경우가 많습니다.

예를 들어, 견주가 다른 일을 하고 있거나 텔레비전을 보고 있을 때 반려견이 견주에게 마운팅하면, 견주는 반려견이 마운팅하지 못하도록 반려견을 들어 올리거나 만지게 됩니다. 이때 반려견은 마운팅이 견주의 관심을 유도해서 보상을 받았다고 생각합니다.

따라서 견주는 반려견이 자신에게 마운팅하려고 하면 최대한 시선을 맞추지 말고 몸을 피해야 합니다. 이때 큰소리로 혼내거나 반려견을 때리면 안 됩니다.

반려견과 놀아 주는 시간을 늘리는 것도 마운팅을 줄이는 데 도움이 됩니다. 반려견과 함께 산책하거나 공을 던져서 가지고 오는 놀이 등이 좋습니다.

13장

노령견

①
노령견 건강 관리는 어떻게 해야 하나요?

대형견은 소형견보다 노령화 속도가 빠른 편입니다. 일반적으로 소형견은 약 여덟 살에서 열 살 이상, 초대형견은 약 다섯 살에서 여섯 살 이상부터 노령견이라고 할 수 있습니다. 대형견은 소형견과 초대형견의 중간 나이 정도부터 노령견에 속한다고 생각하면 됩니다.

노령견의 건강 관리는 일상적인 부분과 그 외의 추가적인 부분으로 나누어서 살펴볼 수 있습니다.

일상에서는 매일 양치질을 통해 이빨 관리를 해 주고, 장모종인 경우에는 매일 빗질해 주면서 피부 상태를 점검하고, 일주일에 한두 번 정도는 귀 청소를 해 주고, 일주일이나 열흘에 한 번 정도 목욕해 주면 됩니다. 또한 너무 무료하지 않게 잘 놀아 주고, 하루에 한 번 이상 산책하러 나가는 등 적절한 운동량을 유지해 주어야 합니다.

▲ 노령견도 적절한 운동이 필요하다.

이뿐만 아니라 기본적인 예방 접종을 잘 유지하고, 심장 사상충 예방약 등을 빠뜨리지 않고 잘 먹여야 합니다.

적절한 식이 관리도 필요합니다. 비만해서도 안 되지만 체중이 너무 적게 나가는 것도 좋지 않습니다. 적절한 체중을 유지할 수 있도록 질이 좋은 사료를 적당하게 공급합니다. 간식을 너무 많이 주면 체중이 늘어날 수 있으므로 주의해야 합니다.

노령견은 만성적 질병이 없어도 주기적으로 검사를 해야 합니다. 가능하다면 6개월에 한 번 정도 방사선 촬영, 혈액 검사, 초음파 검사 등 기본 검사를 해야 합니다.

만약 노령견이 심장 질환이나 신장 질환, 치과 질환, 근골격계 질환 또는 다른 대사성 질환을 앓고 있다면, 그 질환의 심각성이나 현재 처방받은 약물의 종류에 따라 검사 빈도가 달라집니다. 이렇게 만성적인 질환에 걸린 노령견은 최소 6개월에 한 번씩 정기 검사를 해야 합니다. 처방받는 약물의 종류나 질환의 심각한 정도에 따라 추가로 1개월이나 3개월에 한 번씩 검사가 필요할 수도 있습니다.

이외에도 신장 질환을 앓고 있을 때는 처방식이 필요하고, 근골격계의 문제로 퇴행성 관절염을 앓고 있을 때는 잠자리에 부드러운 침구를 깔아 주어야 합니다.

② 온종일 잠만 자요

강아지는 보통 하루에 20시간 정도 자고, 성견이 되면 14시간 정도 잡니다. 노령견이 되면 몸의 기능이 떨어지고 신진대사의 속도가 느려져서 다시 수면 시간이 늘어나게 됩니다.

하지만 통증성 질환을 앓고 있으면 비정상적으로 수면 시간이 길어질 수도 있습니다. 비만해서 움직임이 둔해지고 관절염 질환 때문에 움직일 때마다 통증이 생기면 노령견은 움직이는 대신 잠을 자게 됩니다. 또한 간이나 신장 등 대사 기능에 관여하는 장기에 만성적인 문제가 생겨도 잠이 늘어나게 됩니다.

▲ 노령견은 몸의 기능이 떨어지고 신진대사의 속도가 느려서 잠을 많이 잔다.

따라서 노령견의 수면 시간이 지나치게 길다면 반드시 동물 병원에 데려가서 질병 유무를 검사해 보아야 합니다.

③
운동을 싫어해요

산책은 반려견의 몸 건강뿐 아니라 정신 건강, 나아가 견주와의 유대 관계를 위해 매우 중요합니다. 하지만 반려견이 노령기에 접어들면 어느 순간부터 산책을 피하거나 조금만 움직여도 주저앉게 됩니다. 그 이유는 심부전 같은 순환계 질환 때문에 쉽게 숨이 차서 못 걷거나, 관절염 같은 통증성 질환으로 말미암아 걷는 것을 거부하기 때문입니다.

하지만 나이를 떠나서 반려견이 운동을 점점 싫어한다면 반드시 동물 병원에 데려가서 건강 검진을 해 보아야 합니다.

④
심부전이 뭐예요?

개의 수명이 늘면서 노령견의 심부전 역시 늘고 있습니다. 심부전이란 한마디로 노령견이나 비만 등으로 심장이 너무 오랫동안 과하게 일해서 생긴 질환입니다. 주로 심장의 판막에 변형이 생기거나 심근 자체에 비대가 일어나 여러 증상이 나타납니다.

주요 증상은 새벽녘이나 흥분했을 때 기침하거나 평소에 잘 안 움직이려고 하고, 짧은 산책에도 쉽게 지치고 힘들어한다는 것입니다. 이런 상태를 계속 내버려 두면 폐에 물이 차서 숨 쉬기 힘들어하다가 결국 사망에 이르게 됩니다.

▲ 심부전의 주요 증상은 기침하거나 호흡이 빨라지는 것이다.

치료를 위해서는 동물 병원에서 심장 초음파나 청진, 방사선 검사 등을 통해 진단한 후 약을 먹이면 됩니다. 요즘은 부작용이 적은 심부전 약이 많으므로 매일 꾸준하게 약을 먹이면 오랫동안 살 수 있습니다.

⑤
노령견도 중성화 수술을
할 수 있나요?

　노령견이어도 건강하다면 중성화 수술을 해도 됩니다. 모든 수술이 위험 요소에서 완벽하게 자유로울 수는 없지만, 적절한 준비가 되어 있다면 안전하게 수술할 수 있습니다.

　중성화 수술을 하면 수술하지 않은 개보다 더 오래 산다는 보고가 있습니다. 그리고 암컷은 중성화 수술을 하면 원하지 않는 임신을 완벽히 예방할 수 있습니다. 비교적 나이가 많은 암컷이 임신하기도 하는데, 이러한 노령견의 임신과 출산은 건강에 막대한 영향을 줄 수도 있습니다. 또한 중성화 수술을 하면 호르몬 분비의 영향을 받지 않으므로 모낭충과 같은 피부 질환을 예방할 수 있습니다.

　암컷의 중성화 수술은 난소와 나팔관, 자궁을 모두 제거하는 것이어서 '난소 자궁 제거술'이라고도 합니다. 따라서 중성화 수술을 하면 난소와 자궁에 생기는 종양이 예방되고, 생명을 위협할 수도 있는 자궁축농증도 막을 수 있습니다. 또한 첫 발정이 오기 전에 중성화 수술을 하면 유선 종양의 발생을 약 95% 정도까지 막을 수 있습니다.

　수컷의 중성화 수술은 고환을 제거하는 것입니다. 암컷의 수술에 비하면 상대적으로 가벼운 수술이어서 노령견이어도 전혀 무리가 없습니다. 중성화 수술을 하면 고환의 염증이나 종양을 예방할 수 있고, 전립선 질환의 위험 요인을 많이 줄일 수 있습니다. 또한 성향이 부드러워지고 배회하는 행동이 줄어들기도 합니다.

　하지만 일반적으로 중성화 수술 후에는 체중이 늘어납니다. 이러한 체중 증가는 견주의 노력으로 예방할 수 있습니다.

　노령견에게 필요한 칼로리는 어렸을 때보다 적습니다. 그래서 적절한 양의 사료와 간식을 주는 것이 중요합니다. 더불어 적절한 운동량을 유지해주어야 합니다. 하루에 한 번 이상 산책하러 나가고, 활동성이 있는 놀이를 해 주는 것이 좋습니다. 만약 노령견이 퇴행성 관절염 등과 같은 질환에 걸려서 운동량을 유지하는 것이 힘들다면, 여러 번에 나누어서 짧게 산책하는 것이 좋습니다.

⑥
노령견 호흡 곤란이 뭐예요?

　호흡 곤란은 노력성의 호흡으로, 호흡이 가빠지면서 짧은 호흡을 들이마시거나 내쉬는 호흡의 구간에서 나타나는 증상입니다.

노령견의 호흡 곤란은 갑자기 폐에 염증이 생겨서 일어나는 것보다는 평소에 있었던 기저 질환의 증상으로 나타나는 경우가 훨씬 많습니다. 이런 호흡 곤란은 기침, 빠른 호흡, 피로감, 체중 감소 등의 증상을 동반하는 경우가 많습니다.

▲ 호흡이 어려운 개는 양쪽 앞다리를 벌리고 턱을 앞으로 내미는 견좌 자세로 호흡한다.

노령견이 호흡 곤란을 보일 수 있는 질환에는 여러 가지가 있습니다. 우선 호흡 곤란의 문제 증상을 가장 많이 보이는 질환은 심장 질환입니다. 기존에 있었던 심장 질환이 심해져서 심부전 상태가 되면 폐부종이 생겨 입을 열고 호흡하는 호흡곤란을 보이게 됩니다.

폐렴이나 흉막의 염증과 같은 흉강 질환에서도 호흡 곤란이 나타납니다. 또 어떠한 원인에 의해서라도 흉강 내에 혈액이 차면 바로 호흡 곤란이 나타나고, 알레르기성 기관지염이나 천식을 앓고 있을 때도 마찬가지입니다.

이뿐만이 아닙니다. 구강에서 폐포까지 공기가 지나가는 기도의 어느 부위에라도 종양이 생기면 공기의 흐름을 막아서 호흡 곤란이 생길 수도 있습니다. 이렇게 1차적으로 공기가 지나가는 길, 즉 종격동, 기관지, 폐 등에 종양이 생긴 경우 이외에도 다른 곳에서 생긴 1차적 종양이 폐로 전이되어 생긴 속발성 종양으로도 호흡 곤란이 발생합니다. 속발성 종양 중 가장 많은 것은 악성 유선 종양입니다.

이렇듯 노령견이 호흡 곤란을 보이는 원인은 다양하므로 철저한 검사와 진료가 필요합니다.

밥을 안 먹어요

노령견이 식욕부진을 보이는 원인은 다양합니다. 그중 가장 흔한 원인은 단백질 에너지원의 영양 결핍입니다. 식욕 부진은 음식에 관심은 있지만 정작 먹지는 않는 거짓 식욕 부진과 음식 자체에 아예 관심이 없는 식욕 부진으로 나눌 수 있습니다. 음식을 씹거나 삼킬 때 통증이 생긴다면 거짓 식욕 부진을 보입니다.

노령견의 식욕에 변화가 생기면 우선 치과 쪽의 질환이 있는지 알아보아야 합니다. 이빨이 아프거나 잇몸에 염증이 있으면 음식을 씹을 때 통증이 생겨서 음식을 거부할 수도 있습니다.

이외에도 얼굴, 목, 구강과 연결된 부위에 염증이 있을 때 통증을 느끼면 잘 먹지 않습니다. 또 인두나 식도 부위에 통증이 있어도 음식에 관심은 보이지만 정작 먹지는 않습니다.

나이가 들면서 후각 기능에 문제가 생겨서 사료나 간식의 냄새를 맡지 못하는 것도 식욕에 영향을 끼칩니다. 이럴 때는 사료나 간식에 대한 기호성이 떨어져서 평소보다 적게 먹을 수도 있습니다. 또 갑작스러운 식이 변화, 환경이나 생활 습관의 변화나 스트레스가 있을 때도 식욕 부진이 나타날 수 있습니다.

만성 질환이나 전신 대사성 질환, 종양 등이 있어도 식욕 부진이 생길 수 있습니다. 이를테면 신부전에 의한 요독증이 심해졌을 때나, 심장의 판막이나 수축력 등에 문제가

생긴 심부전일 때 식욕 부진을 보입니다. 또한 당뇨병 때문에 혈당 조절이 안 되어서 급성으로 당뇨성 케톤산증이 생기거나 종양이 있을 때도 식욕 부진이 나타납니다.

이렇듯 노령견에게 식욕 부진이 생기는 원인은 다양할 뿐만 아니라 식욕 부진이 전신적·만성적 질환과 연관이 있을 때는 문제가 매우 심각할 수도 있습니다. 따라서 즉각적이고 적극적인 대처가 필요합니다.

노령견에게 식욕 부진이 생기는 원인
- 1위: 치과 질환
- 2위: 만성 통증성 질환
- 3위: 소화 기능 저하

⑧
먹지도 않았는데 배가 빵빵해요

부신 피질 기능 항진증은 갑상선 기능 저하증, 당뇨병과 더불어 노령견에게 많이 생기는 호르몬 질환입니다.

이 질환의 주요 증상은 물을 많이 마시고 소변을 자주 보는 것입니다. 또한 복부가 빵빵해지고 복부의 혈관이 도드라져 보입니다. 몸 전체에 걸쳐 탈모가 진행되고, 피부가 마르고 거칠해집니다.

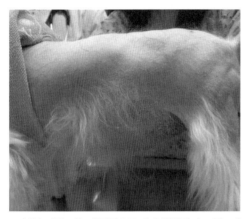

▲ 부신 피질 기능 항진증으로 배가 빵빵해지고 탈모가 진행된 개

부신 피질 기능 항진증은 치료를 제때 하지 않고 내버려 두면 만성 피부 질환, 췌장염, 당뇨병, 고혈압 등의 합병증으로 힘들어질 수도 있는 질환입니다. 따라서 조기에 진단하고 치료하는 것이 중요합니다.

갑자기 살이 빠졌어요

일반적으로 몸으로 공급되는 열량이 줄어들었거나, 몸에서 소비하는 열량이 늘어나면 체중이 감소합니다. 그런데 종양이나 심부전, 심한 염증성 질환이 있으면 근육이나 피하 지방 조직의 손실이 매우 심해져서 갑자기 살이 빠지기도 합니다. 따라서 노령견의 체중이 갑자기 감소한다면 정밀 검사를 해 보아야 합니다.

전신성 질환에 의한 식욕 감소, 구강 내 질환, 구토 등에 의한 영양분의 흡수 부전 등 때문에 공급되는 열량이 감소합니다. 소비되는 열량의 증가는 노령견의 특성상 과도한 운동 등으로 말미암은 소비보다는 몸에서 영양분이 빠져나가는 질환이 원인일 때가 더 많습니다.

이를테면 만성 신부전에 걸리면 몸의 단백질이 빠져나가서 식욕이 떨어지지 않아도 체중 감소가 일어나게 됩니다. 신장, 심장, 간 등의 기능이 떨어지는 장기 부전에 걸려도 체중이 감소합니다. 즉, 노령견은 상대적으로 전염성 질환보다는 전신성·대사성 질환에 의한 흡수 부전이나 식욕 부진이 훨씬 잘 나타나므로 갑작스럽게 살이 빠질 수 있습니다.

⑩

퇴행성 관절염에 걸렸어요

노령견에게 많이 생기는 퇴행성 관절염은 염증 때문에 관절이 점차 제 기능을 못하고, 심한 통증을 동반하는 질환입니다.

관절염의 증상은 다음과 같습니다.

- 걸음걸이가 이상하다.
- 걷는 게 힘들어 보인다.
- 관절이 붓는다.
- 점프가 서툴러진다.
- 잠을 많이 잔다.
- 아침에 일어나서 처음 움직일 때 매우 느리다.
- 관절 부위에 열감이 있다.

위의 증상 중 두 가지 이상의 증상이 나타나면 빨리 가까운 동물 병원에 데려가서 진단을 받아야 합니다.

노령견의 관절 질환을 예방할 수 있는 가장 좋은 방법은 비만을 방지하는 것입니다. 비만해지면 관절에 부담이 많이 가서 관절염이 생깁니다. 그러면 움직임이 적어지고 칼로리 소비가 줄어들어서 더 비만해집니다. 결국 관절염은 초기 상태보다 더 심해져서 다시 활동량이 줄어들고 더욱 비만해

지는 악순환이 이어지게 됩니다.

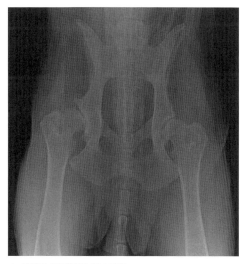

▲ 퇴행성 관절염의 엑스레이

관절에 염증이 생기면 다른 관절 질환과 달리 수술로 해결할 수 없습니다. 따라서 개는 평생 통증을 참고 견뎌야 하고, 견주는 통증을 줄여 주기 위해 계속 관리해 주어야 합니다.

관절 질환의 예방과 관리 방법은 다음과 같습니다.

- 사용하지 않는 근육은 점점 퇴화합니다. 근력이 약해지면 관절을 지탱할 수 없어서 더 큰 문제가 생길 수 있습니다.

따라서 관절 질환이 생기기 전에 자주 산책을 다녀서 근력을 유지하도록 해

야 합니다. 단, 산이나 계단 등을 오르는 수직 운동은 관절에 부담을 주므로 평지에서 가볍게 산책하는 것이 좋습니다.

- 관절에 문제가 발생했다면 뛰거나 점프하거나 무리한 산책은 지양해야 합니다.

- 관절에 문제가 생겨서 걷는 게 힘들다면 체중이 많이 실리지 않는 수영 등의 운동을 시키는 것이 좋습니다.
수영 공간이 마땅치 않다면 보조기구로 체중을 분산한 후 운동을 시키는 것도 좋습니다.

- 지퍼락 이나 전자레인지용 젤 패드 등을 이용해 관절을 찜질해 주면 통증을 줄이고 증상을 완화하는 데 많은 도움이 됩니다.

- 글루코사민, 콘드로이틴 같은 관절 영양제를 먹이면 좋습니다.

- 탕파나 페트병 등에 따뜻한 물을 담아 잠자리에 넣어 주면 좋습니다.

- 관절 상태가 아주 나빠지면 움직이려 하지 않고 온종일 잠만 잡니다. 이럴 때는 욕창 방지 매트나 부드러운 담요를 깔아 주고 자주 욕창 발생 여부를 확인해야 합니다.

- 통증이 매우 심하면 소염 진통제를 먹여야 합니다.
가까운 동물 병원에 가면 효과가 뛰어나고 장기간 먹어도 부작용이 없는 진통제를 언제든지 처방받을 수 있습니다.

개도 치매에 걸리나요?

사람과 마찬가지로 개도 노년성 인지 장애(치매)에 걸릴 수 있습니다. 인지 장애에 걸리면 대소변을 아무 곳에 누기 시작하고, 길을 잃어버리며, 허공을 응시하다 짖기도 하고, 한밤중에 어슬렁거리기도 합니다. 또한 자신의 행복과 안전에 대한 기억을 잃어버려서 위험한 곳에 오르려고 하거나 밖에 나갔다가 길을 잃어서 못 돌아오기도 합니다.

이뿐만이 아닙니다. 갑자기 식욕이 왕성해지기도 하고, 제자리를 빙글빙글 돌기도 합니다. 또한 제자리에 웅크리고만 있어서 욕창이 생기기도 합니다.

노령견이 이상 행동을 보이면 수의사와 상의해서 치매 증상인지 아니면 스트레스나 질병, 환경 변화 때문에 생긴 일시적인 증상인지를 확인해야 합니다.

▲ 노령견이 혼란스러운 행동을 보이면 인지 장애(치매)를 의심해 볼 수 있다.

인지 장애를 치료할 때는 식이 요법이 도움이 되기도 하고 약을 처방받을 수도 있습니다. 놀이를 통해 지속해서 정신적 자극을 주는 것도 좋습니다. 짧은 시간이라도 산책하러 자주 나가고, 마사지나 스트레칭을 해 줍니다.

인지 장애가 생기면 목마름과 배고픔을 혼동하기도 합니다. 그 결과 물을 잘 안 마시게 되어서 탈수증에 걸립니다. 따라서 개가 물을 자주 마실 수 있게 해 주어야 합니다.

⑫
배에 복수가 차요

복수는 배안에 투명하거나 색깔이 있는 삼출물성의 액체 성분이 차 있는 것을 말합니다.

복수가 있으면 우선 배가 빵빵해져 보입니다. 이와 더불어 간헐적으로 힘이 없는 것처럼 느껴지거나 축 처져 있는 듯합니다. 복부 촉진을 하면 불편감이나 통증을 느끼거나 호흡 곤란을 보이기도 합니다. 또한 식욕 부진, 구토, 갑작스러운 체중 증가 등이 나타납니다. 수컷은 고환 근처, 암컷은 회음부 쪽에 피하 부종이 생기기도 합니다.

복수는 전해질 불균형, 방광 파열, 복막염, 복강 내 종양, 복강 내 출혈 등 때문에 생깁니다. 즉, 나타나는 증상은 복수이지만 원인은 각기 다를 수 있습니다. 이를테면 복강 내 출혈이나 방광 파열은 창상 때문인 경우가 가장 많습니다. 이러한 증상은 사고 이후 급성으로 나타납니다.

이외에 신증후군, 간경화, 우심부전, 종양 등 만성적인 질환이 심해지면 복수가 나타납니다.

▲ 복수로 말미암은 복부 팽만의 원인은 다양하다.

방사선이나 초음파 검사를 통해 복수의 유무를 진단한 후 복수가 있는 것이 확인되면 복수를 채취해서 원인을 파악하는 데 이용합니다.

복수의 색깔, 세균의 존재 유무, 복수의 단백질 조성 비율, 혈액 유무 등의 성분을 검사하면 복수의 원인을 파악할 수 있습니다. 원인에 따라서 치료 방향과 방법이 달라지므로 원인을 파악하는 것이 매우 중요합니다.

⑬ 이빨 관리는 어떻게 해 주나요?

사람도 나이가 들면 잇몸이 약해지듯이 노령견도 이빨과 잇몸의 상태가 쉽게 나빠질 수 있습니다. 구강 상태가 좋지 않으면

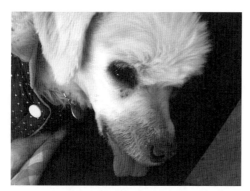

▲ 이빨이 모두 빠진 노령견의 혀는 자꾸 입 밖으로 나오기도 한다.

딱딱한 건식 사료를 거부하기도 합니다. 이럴 때는 습식 사료를 주거나 사료를 물에 불려서 부드럽게 만든 후 주는 것이 좋습니다.

또 노령견은 이빨이 쉽게 빠질 수 있습니다. 따라서 노령견의 사료 선택이나 이빨 관리 방법 등은 수의사와 상담하는 것이 좋습니다.

⑭ 당뇨병에 걸렸어요

당뇨병은 췌장의 기능 부전으로 혈중 인슐린의 농도가 낮아지면서 혈당을 조절하지 못하게 되는 질환입니다. 그래서 당뇨병에 걸리면 신장에서 혈당을 재흡수하지 못하고 소변으로 당이 배출됩니다.

개는 유전적 소인, 췌장염, 비만, 면역 매개성 췌장 인슐린 분비 세포 파괴 등 때문에 당뇨병에 걸립니다. 대부분 4~14세 사이의 개가 걸리고, 1세 이하의 소아성 당뇨병은 드문 편입니다. 발병이 잘 되는 품종은 푸들, 닥스훈트, 미니어처 핀셔, 미니어처 슈나우저, 비글 등입니다.

당뇨병은 다식, 다음, 다갈, 다뇨 등 전형적인 임상 증상을 보입니다. 당뇨병에 걸리면 소변으로 당이 지속해서 배출되므로 많

이 먹게 됩니다(다식). 그런데도 체중은 감소하게 됩니다. 또한 소변 속의 당 성분이 삼투성 이뇨제처럼 작용해서 갈증을 많이 느끼게 됩니다(다갈). 그러면서 물을 많이 마시게 되고(다음) 혈관 내의 높은 혈당으로 말미암아 소변을 많이 눕니다(다뇨). 이렇듯 당뇨병에 걸리면 신장에 문제가 생길 뿐만 아니라 소변에 있는 높은 당 성분 때문에 비뇨기계가 쉽게 감염될 수 있습니다. 그뿐만이 아니라 눈에도 문제가 생길 수 있습니다. 대표적인 예로 백내장으로 말미암은 시력 소실을 들 수 있습니다.

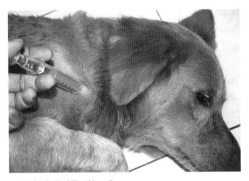

▲ 인슐린 주사를 맞는 개

당뇨병에 걸린 개 중에는 비만한 경우가 많습니다. 당뇨병 초기에는 비만을 제외하면 특별한 이상이 나타나지 않을 때가 많습니다. 하지만 당뇨병이 진행되면 식욕 부진, 기면, 우울, 구토 등의 증상이 나타납니다.

이럴 때는 응급 상황도 발생할 수 있으므로 즉시 동물 병원에 가야 합니다.

당뇨병을 치료하려면 우선 혈당을 조절해야 합니다. 이를 위해서는 인슐린 주사 용량이나 인슐린 투여 시간 등을 잘 지키는 것이 중요합니다. 그러면서 정해진 시간에 정해진 양을 먹고, 적절한 운동을 해야 합니다.

⑮ 안락사 vs 호스피스 치료?

호스피스 치료란 통증을 완화하고 편안하게 생을 마감할 수 있도록 모든 수단을 다해 돕는 것을 뜻합니다. 하지만 호스피스 치료로도 반려견의 고통을 없앨 수 없다면 신중하게 안락사를 고려해야 합니다.

안락사는 말 그대로 편안한 죽음을 뜻합니다. 하지만 이 편안한 죽음은 고통스러운 결정을 통해 이루어집니다. 안락사의 장점을 알지만 죄책감이나 책임감 때문에 많은 견주가 심한 갈등을 느끼게 됩니다.

이럴 때는 뒷장에 첨부한 삶의 질 지표를 참고해 매일매일 점수를 매겨 봅니다. 일곱 가지 항목의 점수가 30점 이하라면 반려견이 편안하게 생을 마감할 수 있도록 안락사를 고려할 수도 있을 것입니다.

〈삶의 질 지표〉

날짜 : 기준	점수		
	0	5	10

• 통증
  0: 지속적해서 비명을 지르고 몸을 떤다. 호흡이 가쁘고 매우 힘들어한다.
  5: 간혹 통증을 호소하고 호흡이 가쁘다.
  10: 거의 통증이 없는 상태이고 호흡이 양호하다.			

• 식욕
  0: 맛있는 것을 만들어 주어도 며칠째 아무것도 먹지 않는다.
  5: 맛있는 것을 만들어 주거나 손으로 주면 어느 정도는 먹는다.
  10: 식욕이 좋으며 양껏 충분히 먹는다.			

• 배뇨
  0: 물을 거의 먹지 않아 눈이 움푹 들어가고 소변을 거의 보지 않는다.
  5: 먹는 물의 양이 많지 않아 배뇨가 줄었고 피부 탄력이 저하되었다.
  10: 충분히 먹고 정상적으로 배뇨한다.			

• 위생
  0: 상처 부위에서 삼출물이 계속 나오고 냄새가 심한 편이다.
  5: 이전보다 위생 상태가 좋지 않아 냄새가 나는 편이다.
  10: 전신이 매우 깨끗해서 냄새가 거의 나지 않는다.			

• 행복감
  0: 주위 자극에도 반응이 전혀 없고 구석에서 침울해한다.
  5: 주위 자극에는 어느 정도 반응하지만, 간혹 우울해한다.
  10: 장난감을 가지고 잘 놀며 사교적이다.			

• 운동성
  0: 스스로 전혀 움직일 수 없고, 발작을 보이기도 한다.
  5: 어느 정도는 움직일 수 있으나, 일상생활을 하려면 주위의 도움이 필요하다.
  10: 자유롭게 산책하고 움직인다.			

• 기력
  0: 일주일 이상 기력이 매우 좋지 않아 정상적인 생활이 불가능하다.
  5: 3~5일 정도 기력이 좋지 않아서 힘들어 보인다.
  10: 매일 기력이 좋아서 정상적인 생활이 가능하다.			

총점			

찾아보기

우리 개
응급 처치 **119**

유화욱·이혜원·윤홍준·김현욱 **공저**
양정원 **일러스트**

1판 1쇄 발행 2019년 7월 25일
1판 2쇄 발행 2020년 8월 10일

펴낸이 안성호 ┃ **편집** 이소정 조경민 조현진 안주영 ┃ **디자인** 이보옥
출판등록 2005년 8월 9일 제 313-2005-00176호
펴낸곳 리잼 ┃ **주소** 서울시 강동구 상암로 167, 7층 702호
대표전화 02-719-6868 ┃ **팩스** 02-719-6262
홈페이지 www.rejam.co.kr ┃ **전자우편** iezzb@hanmail.net

이 도서의 국립중앙도서관 출판예정도서목록(CIP)은 서지정보유통지원시스템 홈페이지(http://seoji.
nl.go.kr)와 국가자료공동목록시스템(http://www.nl.go.kr/kolisnet)에서 이용하실 수 있습니다.
(CIP제어번호: CIP2017008211)

ISBN 979-11-87643-15-9 (03520)